U0359367

竹马书坊 著

写给孩子的
自然 上册
启蒙课

天津出版传媒集团

天津科学技术出版社

拥抱大自然
从认识植物开始吧

加入本书交流群
微信扫描二维码

入群步骤

微信扫描本页二维码; 1

根据提示,选择加入感兴趣 2
的交流群;

群内回复关键词领取阅读 3
资源。

【写给家长的话】

你的孩子,会像你小时候一样看到自然各种
各样的植物吗?城市的发展让各色植物离我
们越来越远。带孩子重回自然,从加入交流
群开始。

【伴读交流群】

每天阅读,带孩子认识新的植物,养成阅读习惯。
还有更多千奇百怪的植物等你来了解。

【植物认知群】

走出去发现生活中我们身边的植物吧,检验你自己
认识了多少植物。

图书在版编目(CIP)数据

写给孩子的自然启蒙课:全3册 / 竹马书坊编著
. -- 天津:天津科学技术出版社,2019.12
ISBN 978-7-5576-7051-1

Ⅰ.①写… Ⅱ.①竹… Ⅲ.①自然科学-少儿读物
Ⅳ.①N49

中国版本图书馆CIP数据核字(2019)第200283号

写给孩子的自然启蒙课
XIEGEI HAIZI DE ZIRAN QIMENGKE
责任编辑:布亚楠

出   版:天津出版传媒集团
         天津科学技术出版社
地   址:天津市西康路35号
邮   编:300051
电   话:(022)23332695
网   址:www.tjkjcbs.com.cn
发   行:新华书店经销
印   刷:天宇万达印刷有限公司

开本 880×1230   1/32   印张12.5   字数 160 000
2019年12月第1版第1次印刷
定价:115.00元(全3册)

推荐序

　　植物是人类最重要的朋友，是山的命脉。春天里，春风拂过，杨柳青青，姹紫嫣红，万花齐放；夏天里，小荷露出尖尖的角，田间青草绿油油，山涧绿树成荫；秋天里，果园有红红的苹果，稻田有金黄的稻浪；冬天里，不畏寒冬的青松屹立，幽香的梅花盛开。一年四季总有着植物陪伴着我们，总能看见到它们多姿多彩、形形色色的样子。它们有的生长在田间小路旁，有的生长在花园绿地中，有的静静地生存在高寒山上，有的在水中随波逐浪，而有的在山涧中在荒野丛林里……静静地发芽生长，静静地开花结果，静静地枯萎，等春回大地时，再静静地发芽生长开花结实……循环往复，演绎着自然界令人惊叹的生命传奇。

　　一花一世界，一叶一课堂。本套图书是以花、草、果、蔬为主题的自然科普读物，介绍了120余种常见的种类，综合植物学和科学史著作，以生动有趣、轻松简洁的文字，描述花草果蔬的特征、习性、科属等科学内容，并融合了相关的生活常识、诗词、气象节气等中国传统文化知识，拓展了知识结构层面，启发孩子如何去比较、分类、鉴别、归纳和总结。书中设有日记页，可以让孩子随时随地记录心得想法，充分实现自然探索与实践的相结合，培养和发挥孩子们的认知力和想象力。

全书900余张手绘植物图谱，绘图精美，色形逼真，详尽地展示了包括解剖结构在内的植物各部分的形态特征，具有极高的艺术欣赏和收藏价值，也可以作为孩子绘制花草果蔬的临摹范本，满足孩子的好奇心与求知欲，同时启迪孩子去思考人与自然地关系，去亲近自然，热爱自然，以及如何善待我们的地球家园。

北京林业大学教授、博士生导师、教育部自然科学奖评审专家
张志翔

目 录

contents

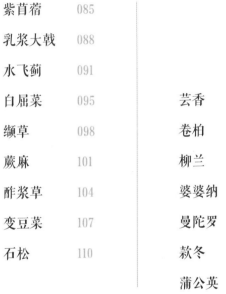

打碗花

旋花科打碗花属

别　称： 小旋花、面根藤、狗儿蔓、斧子苗

种　类： 一年生草质藤本植物

花　期： 5—9月

高　度： 8～40厘米

打碗花的叶片像一把把小铲子，花像小小的喇叭，很可爱。看着图中的打碗花，你有没有觉得在哪儿见过呢？其实，打碗花和我们庭院中的喇叭花很像！可仔细一瞧，它们之间还是有差别的：喇叭花有很多种颜色，红的、蓝的、紫的等，而打碗花的花冠呈淡紫色或淡红色；喇叭花在清晨开放，到下午就枯萎了，而打碗花在白天开放，到晚上才凋零。

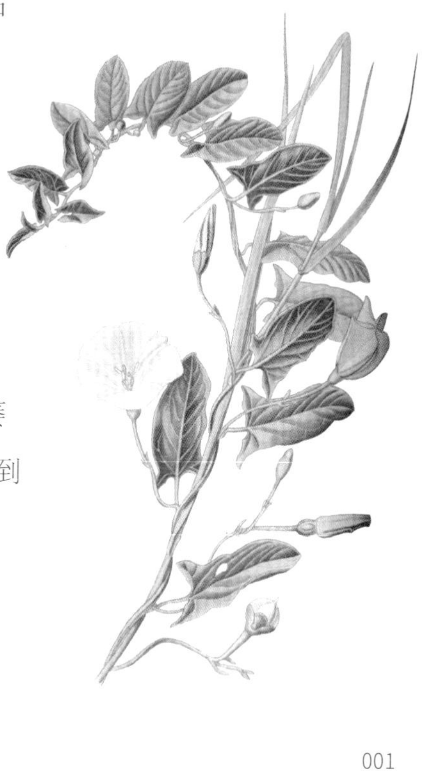

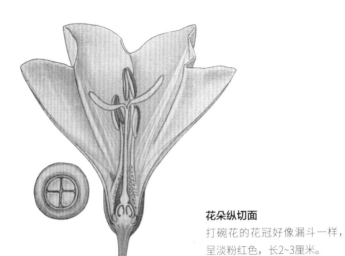

花朵纵切面

打碗花的花冠好像漏斗一样，呈淡粉红色，长2~3厘米。

雌蕊

雌蕊上有一些小鳞毛，子房上没有毛，柱头会分成2个长圆形裂片。

雄蕊

雄蕊差不多一样长，花丝的基部会渐渐膨大。

种子

蒴果卵球形，种子呈卵圆形，成熟后为黑褐色。

田旋花

田旋花与打碗花长得很像。花柄上的小分叉是田旋花的花苞片，它们非常小，且远离花朵；而打碗花的花苞片很大，紧贴着花朵。

打碗花

打碗花和田旋花一样，都是生长在田野中的野花，多长在农田、荒地、路旁、沟边，可以作为牛、羊、猪等家畜的饲料。

我不是喇叭花，

我不是喇叭花，

我不是喇叭花，

重要的事情说三遍。

苍耳

菊科苍耳属

别　称：苍耳、地葵、白胡荽
种　类：一年生草本植物
花　期：7—8月
高　度：15～100厘米

　　苍耳的果实像一粒小小的橄榄球，上面长满带着倒钩的刺，很容易粘在人的衣服或动物身上，从此搭乘"顺风车"旅行去了。因此，苍耳主要通过动物传播种子。掰开苍耳的果实，你会看到里面有两粒种子，一大一小，它们能在不同的时期发芽。所以就算遭遇特殊情况，"聪明的苍耳君"也可以保证至少有一粒种子能正常生长。

　　苍耳的种子除具有药用价值外，还可以掺和桐油制作油漆，也可作为油墨、肥皂等产品的原料。

　　苍耳和卷耳可不是一种植物哟。卷耳是一种野菜，花是白色的。《诗经·卷耳》中有"采采卷耳，不盈顷筐。嗟我怀人，寘彼周行"的诗句，说的是一位女子在采摘卷耳的时候，想起了在外征战的丈夫。苍耳开绿色的花，是一种常见的田间杂草。它的果实有药用价值，还可以用来玩"扔苍耳"的游戏。

种子纵切面
苍耳的外面有针状刺，果实成熟后会变硬。

苍耳的花雌雄同株，多数为雄花，花冠像钟一样。

苍耳全株有毒，尤其是它的种子，若牛、羊等吃了，则可能会被毒死。

朝采卷耳行

[宋]释文珦

朝采卷耳,于陵于冈。

取叶存根,以备酒浆。

嗟我怀人,在彼遐方。

闵其勤劳,寤寐弗忘。

别　称：车前草、车轮菜、车
　　　　辖辘菜、牛舌草
种　类：一年生或多年生草本
花　期：6—9月
高　度：10～50厘米

　　车前生长在路边，古时候车马经过，常常碾压它，但是它仍然顽强地生长着，所以得了这个名字。

　　其实车前不怕碾压是有原因的，它的叶柄和叶子中含有坚韧的纤维质，即使被碾压着，也不容易死掉。车前能入药，它的种子叫车前子，可以治疗小便不通畅。

　　车前的种子千粒重0.7克左右，主要靠雨水冲刷来传播种子。此外，车前的蒴果可以粘在人或动物身上，搭上"便车"，去别的地方生根发芽。

晚春初夏八首

[宋] 张耒

少室山前日日风，

望嵩楼下水溶溶。

卷将春色归何处，

尽在车前榆荚中。

种子

花朵
车前的花是淡绿色的。

清明时节，细雨纷纷，这时节的车前十分新鲜幼嫩，将采摘的嫩苗清洗干净，焯水后可凉拌、炒食、和面蒸食、煮汤等。

"青枝满地花狼藉，知是儿孙斗草来"，描写的是小孩子们正在玩斗草的游戏。这里的"草"就可以用车前哟。

虽然踩不死，

可我也怕疼呀。

哪家的淘气孩子，

请别在我的身上蹦蹦跳。

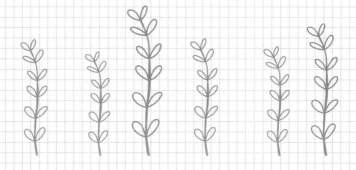

别　称：香艾、艾蒿、冰台、炙草、艾绒

种　类：多年生草本或半灌木状植物

花　期：7—10月

高　度：80～150厘米

艾草是一种很神奇的植物，早在春秋战国时期，人们就已经知道它的特殊功效啦。针灸过后，用点燃的艾草熏一下，可以抗菌，防止感染。用艾草制作馨香枕头，能够助睡安眠。另外，艾草还可以食用，能做成艾叶茶、艾叶汤、艾叶粥等多种美食呢。

艾叶经过反复晒杵、捶打等工艺可以得到软细如棉的艾绒。艾绒是制作艾条的原材料，还可用来制作印泥、枕头、被子等。

花朵纵切面

艾草种子

雌花切面

花朵

艾草的花朵是椭圆形的，每朵小花儿上雌花有6～10朵，两性花8～12朵。

雌花

雌花的花柱细长，会伸出花冠外面。

民谚说"清明插柳，端午插艾"，每到端午节时，人们就会把插艾草和菖蒲作为重要活动之一，家家户户打扫庭院，将菖蒲和艾草插在门楣上，用来防蚊虫、驱邪秽。

艾糍是清明时节的一种传统小吃，在不同的地方有着不同的形状，如圆形的、长条形的，有蒸、煮、炸等做法，味道各有不同。而客家人吃艾糍时，还会泡上红茶，配上鲜笋、山楂等小食呢。

①采摘新鲜的艾叶，清水洗净，再用开水焯一遍。

②将艾叶和蒸熟的糯米舂成米团。

③包入花生馅或芝麻馅。

④放入蒸屉中蒸熟，即可享受美味。

浣溪沙

[宋]苏轼

软草平莎过雨新，轻沙走马路无尘。何时收拾耦耕身？日暖桑麻光似泼，风来蒿艾气如熏。使君元是此中人。

菖蒲

天南星科菖蒲属

别 称:	白菖蒲、藏菖蒲、大菖蒲
种 类:	多年生草本植物
花 期:	5—6月
高 度:	50～120厘米

在中国传统文化中，菖蒲被认为是预防疾病、驱除邪秽的灵草。每逢端午佳节，江南地区的人们就把菖蒲叶插在屋檐下，然后饮用菖蒲酒。到了夏秋季节的晚上蚊虫猖獗时，人们会点燃干燥的菖蒲，熏走蚊虫。

菖蒲的叶子绿莹莹的，像刀剑一样挺的，看起来别有一番风味，所以它也常常被人们"请"到家中装点室内。因为它有漂亮的叶子，所以在园林绿化中，它常被丛植于湖塘岸边，具有良好的观赏价值。

古人晚上读书时，常常在油灯下放置一盆菖蒲。你知道这是为什么吗？这是因为菖蒲能够吸附空气中的微尘，避免油灯的烟熏到眼睛。

需要指出的是，菖蒲全株有毒，根茎毒性尤其大，吃多了会让人产生幻觉，所以千万不能乱吃。

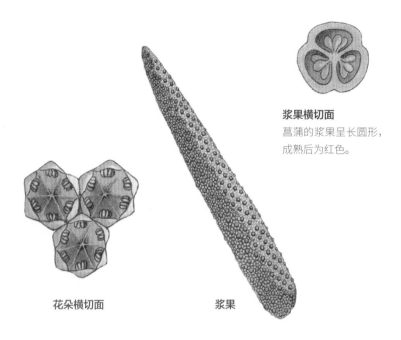

浆果横切面
菖蒲的浆果呈长圆形，成熟后为红色。

花朵横切面

浆果

花朵纵切面

菖蒲的花为黄绿色，花丝长2.5毫米；子房为长圆形，长约3毫米；浆果熟时呈红色、长圆形。

花菖蒲属于园艺变种，花的形状、颜色等因品种不同而不同。花的颜色由白色至暗紫色，有单瓣、重瓣，多生长在河边、湖边和池塘边上，可以盆栽。

黄菖蒲的花色黄艳，花姿秀美，可以在水池边露地栽培，也可以在水中种植。它的果实很长，里面有很多种子，既可以通过种子播种，又可以通过分裂块茎栽种。

你知道吗？菖蒲是代表端午节的花，常常和艾草搭配在一起。"四月十四，菖蒲生日，修剪根叶，积海水以滋养之，则青翠易生，尤堪清目。"这句话说明人们认为菖蒲是神草，农历四月十四日就是它的生日。

嵩山采菖蒲者

[唐]李白

神仙多古貌，双耳下垂肩。

嵩岳逢汉武，疑是九疑仙。

我来采菖蒲，服食可延年。

言终忽不见，灭影入云烟。

喻帝竟莫悟，终归茂陵田。

水鳖

水鳖科水鳖属

别　称：马尿花
种　类：多年生浮水或沉水草
　　　　本植物
花果期：8—10月
高　度：20～30厘米

在我国中部以及南方的水塘或者稻田中，水鳖随处可见。水鳖长着心形或圆形的叶片，花是白色的。它在水下的须根比较发达，可以长达30厘米。

水鳖喜欢温暖的环境，不怎么耐冷，但是它并不惧怕冬天，因为它应对季节变化很有一套：春夏两季，水鳖浮在水面上尽情生长；秋风一起，它立即停止生长；到寒冬时节，它的匍匐茎顶端长出休眠芽，然后全身往水下一沉，到水底越冬去了。

水鳖的雌花比雄花大，花瓣呈广倒卵形或圆形。

水鳖花朵正面及切面图

水鳖的叶子背面生有椭圆形的泡状组织，用来储存空气，其外形像一只鳖，因此而得名。

水鳖的花朵为白色，有3片花瓣，中间的花蕊是黄色的。

莼菜是多年生水生宿根草本植物，嫩叶可供食用，口感滑润、鲜美滑嫩，为珍贵蔬菜之一。

王莲，是著名的观赏植物，花朵的颜色娇容多变，并有浓厚的香味。叶子好像一只只巨型的翠绿色大盘子，最多能承受六七十千克的重物呢。

大浮萍又叫水浮萍、天浮萍等，主要生活在淡水中。大浮萍可以用来检测水中是否有砷的存在，还能净化水中的铅、汞等有害物质。

水萍，今处处溪涧水中皆有之。

此是水中大萍，叶圆阔寸许，

叶下有一点，如水沫。

——《本草图经》

別　称：细草、软草、鱼草、
　　　　松藻
种　类：多年生沉水草本植物
花　期：6—7月
高　度：40~150厘米

金鱼藻

金鱼藻科金鱼藻属

　　每年6—7月份，在不流动的水下，金鱼藻的雄花成熟了，这时雄蕊自动脱离母体，浮到水面上，然后裂开并且散出花粉。因为花粉比水重，所以会下沉，到达雌花的柱头上，使金鱼藻最终完成授粉。到了8—9月份，已经授粉的金鱼藻结出果实。果实成熟后，也自动脱落，不过不是上浮，而是下沉到淤泥中，准备越冬。

　　金鱼藻不抗冻，严冬时节，水结冰了，它的茎叶就会被冻死，而顶芽会脱落，沉于泥中休眠过冬。到了第二年春天，种子和顶芽都会长成新的植株。

花朵

小花朵

金鱼藻的花朵很小，雌雄同株或雌雄异株，花期一般在6—7月。

金鱼藻的果实

金鱼藻的坚果呈宽椭圆形，成熟后呈黑色，长4~5毫米，宽约2毫米。

金鱼藻广泛分布于全世界。你若在湖泊静水处、池塘或者沟渠附近转转，就能遇见它。可如果你不想外出，在家里的鱼缸中也能看到它哟。

　　金鱼花是多年生缠绕草本植物，既可以赏花又可以观叶。它的花朵最初为红色，后会变成淡黄色至白色，花型很像张嘴吐泡泡的大肚子金鱼，十分好看。

　　金鱼草是多年生草本植物，因花的形状很像金鱼而得名。花的颜色十分丰富，有白色、深红色、淡红色、深黄色、黄橙色、肉色、杂色等。金鱼草是一种吉祥的花卉，寓意有金有余、繁荣昌盛。

仙法，藻分身之术！

告诉你一个秘密：

在生长期内，

我被折断的植株，

可以随时长成新株哟。

加入伴读交流群　/每天认识新植物

入群指南详见本书版权页　多学多听涨知识/

别　称：苇、芦、芦芛、蒹葭
种　类：多年生水生草本植物
花　期：7—10月
高　度：1～3米

　　在池沼、河岸及溪边，芦苇常常成片生长。芦苇茎秆直立，高可过人头，微风吹过，苇群随风摇曳，沙沙作响，看过去野趣十足。芦苇的根状茎呈匍匐状，纵横交错，连成一片网，又一层层往上叠，形成厚厚的根状茎层。采收芦苇的人们走在上面十分安全。

　　芦苇浑身是宝，芦叶、芦花、芦根、芦茎均可入药。芦根和芦茎还可以用来造纸、制造生物制剂。另外，芦苇也是优良的牧草，除放牧外，还可以晒制干草和青贮饲料。

芦苇花剖面图

芦苇花为圆锥大型花序，
长20~40厘米，由许多浓密
下垂的小穗构成。

芦苇花的小穗，
柄长2~4毫米，穗长
约12毫米，有4~7朵
小花。

小穗的花呈黄色。

白露是二十四节气中的第十五个节气，从这一天起，降温速度比较快，人们常
用"白露秋风夜，一夜凉一夜"来形容气温下降的速度。这时，芦花白茫茫一片，
形成芦苇荡，如白雪般漂亮。芦苇荡是鸟类栖息、觅食、繁殖的家园。

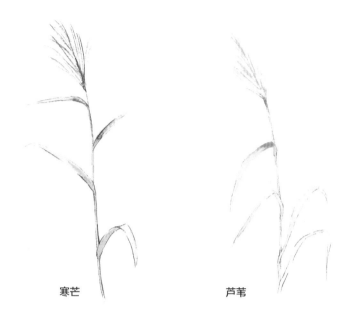

寒芒　　　　　　　　芦苇

　　寒芒跟芦苇几乎一模一样，但芦苇的茎是空心的，寒芒则不是；寒芒随处可见，芦苇则傍水而生。

　　寒芒的叶鞘及茎秆可以制芒纸、搭盖屋顶；芦苇的茎秆坚韧，纤维含量高，人们把采收的芦苇送到造纸厂加工成质量好的纸。手艺人把芦苇加工成工艺品和乐器。比如，芦笛就是用芦苇的空茎做成的。

芦苇做成的扫把

江村即事

[唐]司空曙

钓罢归来不系船，

江村月落正堪眠。

纵然一夜风吹去，

只在芦花浅水边。

蒹葭苍苍，白露为霜。所谓伊人，在水一方。

溯洄从之，道阻且长。溯游从之，宛在水中央。

——出自《诗经·秦风·蒹葭》

别　称：田字草、大萍、夜合
　　　　草、四叶菜
种　类：多年生草本植物
孢子期：夏秋两季
高　度：5～20厘米

蘋科蘋属

　　蘋，通常生长在水塘或者稻田中。它的根状茎在水底的淤泥中横着长，上面长出分枝，分枝朝上生长，顶端孤零零地冒出几片叶子。但是过一段时间，你会发现水塘上密密麻麻的已全是蘋叶了。

　　你一定好奇这是怎样发生的吧？这是因为蘋的孢子果内约有15个孢子囊群，每个孢子囊群里有少数大孢子囊，其周围有数个小孢子囊，等孢子成熟后，孢子果就会自己打开。这样，蘋繁殖的"洪荒之力"就爆发出来了。

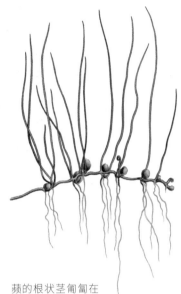

蘋的根状茎匍匐在
泥中，细长而柔软。

蘋的孢子发出的
芽，长出新根茎。

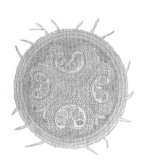

蘋的孢子果，只有一粒米
那么大，卵圆形，是个不起眼
的小东西。

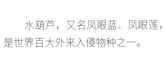

水葫芦，又名凤眼蓝、凤眼莲，
是世界百大外来入侵物种之一。

3
2020 | MAR
庚子年（肖鼠）
HAPPY EVERY DAY

蔷薇章，木莞芬芳，
样尊昨软，
杨入大木为菜，
海棠睡，绣球落。

绣球花

日	一	二	三	四	五	六
1 初八	2 初九	3 初十	4 十一	5 惊蛰	6 十三	7 十四
8 妇女节	9 十六	10 十七	11 十八	12 植树节	13 二十	14 廿一
15 消费者权益保护日	16 廿三	17 廿四	18 廿五	19 廿六	20 春分	21 廿八
22 廿九	23 三十	24 三月	25 初二	26 初三	27 初四	28 初五
29 初六	30 初七	31 初八				

你制作的标本

The specimen you made

名 称：　　　　别 称：　　　　科 属：

花 期：　　　　果 期：　　　　高 度：

采 集 日 期：　　　　　　　　签 名

池上

[唐]白居易

小娃撑小艇，偷采白莲回。

不解藏踪迹，浮萍一道开。

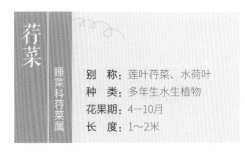

荇菜

睡菜科荇菜属

别　称: 莲叶荇菜、水荷叶
种　类: 多年生水生植物
花果期: 4—10月
长　度: 1～2米

在湖泊、河流、沟渠的平稳水域中，或者一洼池塘内，水深不超过1米的地方，生长着一种漂亮的植物——荇（xìng）菜。它的茎匍匐着生长，细长柔软而多分枝；叶片接近心形，看上去很可爱；鲜黄色的花朵挺出水面，从春天一直开到秋天。

荇菜边开花边结果，一直到霜降之后，水上的部分就会枯死啦。不过，第二年后，它的种子、根茎都会发育成新株哟。

荇菜的种子

荇菜花的纵切面

荇菜的花为鲜黄色，种子能借助水流传播。

古人（《诗经》）写荇菜："参差荇菜，左右采之……"那么，古人采荇菜做什么呢？荇菜的嫩茎叶和花柔嫩多汁，可以当作野菜来吃，也可以用作禽畜的饲料。

莼菜，是多年生宿根草本植物，和荇菜一样，嫩叶可供食用，是珍贵蔬菜之一。清明前后，莼菜开始萌芽生长，采摘的莼菜嫩片为"春莼菜"；立夏之后，莼菜生长旺盛，至霜降后可大量采摘，为"秋莼菜"。

荇菜具有清热解毒的功效。将荇菜花和绿豆、粳米一起煮粥，快煮熟的时候加入白糖，不仅好吃，而且可以解暑。

关关雎鸠，在河之洲，窈窕淑女，君子好逑。

参差荇菜，左右流之。窈窕淑女，寤寐求之。

求之不得，寤寐思服。悠哉悠哉，辗转反侧。

参差荇菜，左右采之。窈窕淑女，琴瑟友之。

参差荇菜，左右芼之。窈窕淑女，钟鼓乐之。

——出自《诗经·周南·关雎》

救荒野豌豆

豆科野豌豆属

别　称：大巢菜、箭舌野豌
　　　　豆、苕子
种　类：1年或2年生草本植物
花　期：4—7月
长　度：60～200厘米

　　仔细观察救荒野豌豆的叶子下面，你会发现有一些小小的黑点，这是蜜腺。再找找，花朵中也有这种黑点。它们有什么用呢？答案是能够分泌出香蜜。蚂蚁很喜欢这种蜜，于是成群结队地爬上植株吃蜜，同时赶走了其他害虫，使救荒野豌豆不被啃食。

　　救荒野豌豆的荚果成熟后，就会自己炸裂，将里面的小豆子弹射到几米开外。来年春天，它的子子孙孙就会从周围的土壤中冒出芽来，长成新的植株啦。

豌豆花纵切面

新鲜的豌豆

豌豆种子及其纵切面

豌豆荚成熟后，种子就会弹出去。

立夏，是二十四节气中的第七个节气。这一天，人们会用嫩豌豆、香肠、竹笋、糯米等各色材料煮饭，又称为"吃补食"。《诗经·采薇》中"陟彼南山，言采其薇"的"薇"，也指野豌豆。上图为凉拌豌豆苗。

豇豆分长豇豆和短豇豆两种。

荷兰豆并非产于荷兰，而是荷兰人把它从原产地带到了中国。

菜豆，又称四季豆、架豆、芸豆、刀豆等，是餐桌上常见的蔬菜之一。

扁豆的豆荚有绿白、浅绿、粉红或紫红等颜色，扁豆花有红色和白色两种。

蚕豆，又叫胡豆、佛豆、罗汉豆等，因为江南一带的人们喜欢在立夏时节食用，所以蚕豆又叫立夏豆。

我要放大招啦，

小伙伴们快快来围观。

炸裂吧——

我的小荚果们！

驴食草

别　称：红豆草、驴豆、驴喜豆
种　类：多年生草本植物
花　期：6—7月
高　度：50～90厘米

　　这是驴食草，瞧，每条花序上都"停着"40~75朵小花——之所以说"停着"，是因为它们是蝶形的，每朵都像停歇在花序上的蝴蝶。驴食草的花有粉红色的，有红色的，也有深红色的，看上去都活泼可爱。

　　驴食草主根粗壮，能够扎入土壤1~3米处或更深，能够吸收地下深层的营养和矿物质；茎又粗又直，中间是空心的；叶片长圆形，叶背边缘有短茸毛。

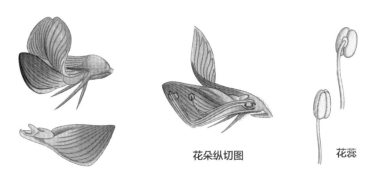

花朵纵切图

花蕊

驴食草花朵（上）及花瓣（下）

驴食草荚果的
边缘有锯齿。

驴食草荚果及剖面图

　　驴食草容易成活，适合栽种在庭院里。它的花不仅好看，而且含蜜量很丰富，开花时能引来勤劳的蜜蜂和蝴蝶。

苜蓿，世界各地都有栽培，或者呈半野生状态，花期在5~7月，花色有淡黄色的、深蓝色至暗紫色的。

驴食草是很好的蜜源植物，一箱蜂一天可采蜜4~5千克。

我的花色粉红艳丽，饲用价值可与紫花苜蓿媲美，被人们称为"牧草皇后"哟。

灯芯草

灯芯草科灯芯草属

别　称：水灯芯、秧草、野席草
种　类：多年生草本水生植物
花　期：夏初到仲夏
高　度：40～100厘米

　　灯芯草，特别喜欢水分充足的水田。在我国南方，人们成片地栽种它。刚种下的灯芯草大约10厘米长，到夏天就长到1米左右了。灯芯草通体碧绿，从下往上没有一个节疤，看起来又长又直。一簇灯芯草有二三十根，整片水田的灯芯草挤在一起，一簇挨着一簇，有成千上万根，风吹不倒，日晒不蔫，雨后更青葱。

　　到了收获季节，人们把它用在很多方面：晒干后用来编织草席等用具；用来做药，降心烦，止血，消肿；和食物一起煮着吃，清热解毒又利尿。

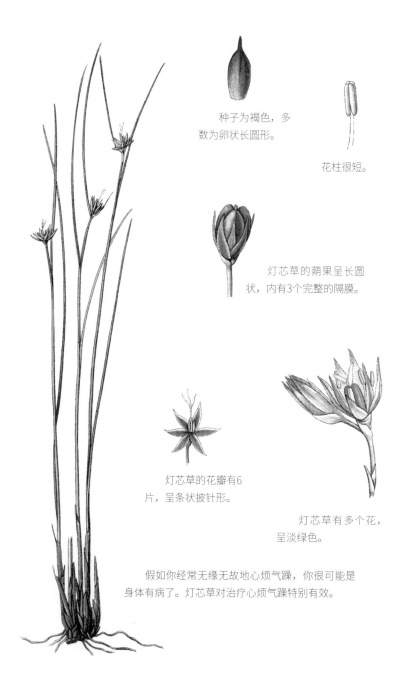

种子为褐色，多
数为卵状长圆形。

花柱很短。

灯芯草的蒴果呈长圆
状，内有3个完整的隔膜。

灯芯草的花瓣有6
片，呈条状披针形。

灯芯草有多个花，
呈淡绿色。

假如你经常无缘无故地心烦气躁，你很可能是
身体有病了。灯芯草对治疗心烦气躁特别有效。

②将收割后的灯芯草打成捆，运回家中晒晾起来。

①秋天到了，灯芯草的茎尖开始枯黄时，就要开始收割了。

③将灯芯草稍晾干后，用特制的工具将芯取出，并扎成小把，晒干。

④灯芯草编制的草席极其耐用，并且睡起来很舒服，深受人们的喜爱。

⑤灯芯草编制的草鞋十分的耐穿舒适。

⑥灯芯草编制的蝈蝈笼美观大方，极具装饰价值。

很久很久以前，
那时候世上还没有电灯，
人们点油灯来照明，
用灯芯草做灯芯。

可是现在，
很少有人使用油灯了，
哥已不做灯芯好多年……

狼杷草

菊科鬼针草属

别　称：鬼叉、鬼针、鬼刺
种　类：一年生草本植物
花果期：8—10月
高　度：30～80厘米

在山坡上、山谷中、溪流旁、草丛中以及田边，到处都有狼杷草的身影。假如你打算采集一些狼杷草做标本，那真是再容易不过了。狼杷草开着茸茸的小黄花，在风中轻轻摇曳，仿佛点着头对你说："快把我带走吧。"即使你没这么打算，它的种子也会通过冠毛悄悄地、紧紧地粘在你的衣服上，让你捎走它，然后在新的落脚点安家落户。

狼杷草有异味，畜禽多避而不食，经蒸煮或晒干后，就能成为它们的饲料啦。

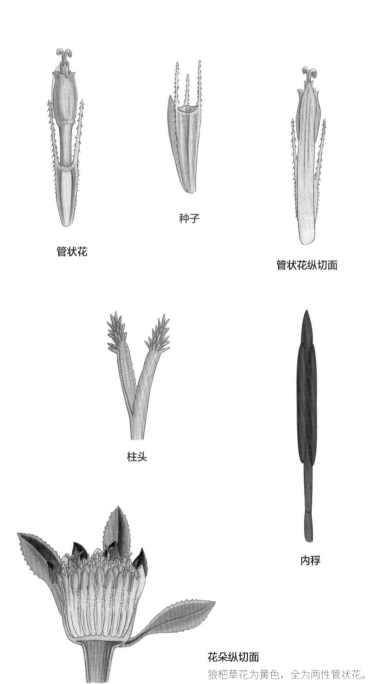

管状花

种子

管状花纵切面

柱头

内稃

花朵纵切面
狼杷草花为黄色，全为两性管状花。

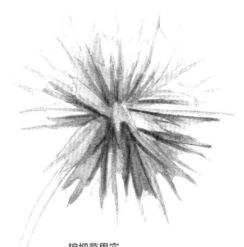

狼杷草果实

狼杷草的开花期在8月中旬至9月，9~10月是结果和成熟期。一株正常发育的狼杷草可产种子数百至数千粒，瘦果千粒重约3.82克。

狼杷草的种子瘦扁，呈狭楔形，顶端有芒刺和侧束毛。成熟的种子处于休眠状态，能保持发芽力达2年之久。

事实上，狼杷草主要依靠动物传播。它的种子粘在动物身上，被动物带去天涯海角，在每寸适合的土壤中生长出来。此外，狼杷草还可以借助风力、水流进行传播呢。

嘿，看过来，

Look at me（看我）！

瞧瞧我的种子，

像不像叉子呀？

别　称：甜草根、红甘草、粉
　　　　甘草、乌拉尔甘草
种　类：多年生草本植物
花　期：7—8月
高　度：30～100厘米

甘草

豆科甘草属

　　人们用甘草的根和根状茎来做药。甘草药性温和，能调和其他烈性药，以减少对人体的伤害，所以在许多药方中它都会出现。因为甘草如此重要，所以人们都亲切地称它为"甘国老"。

　　甘草喜欢晒太阳，喜欢待在很少下雨的地方，因此在沙质草原、沙漠边缘以及黄土丘陵地带容易找到它。另外，由于用途广泛，它被人们大量栽种在药圃中。甘草耐旱、耐寒、耐高温、耐盐碱，生命力十分顽强，不需特别护理。

甘草花朵纵切面

甘草的花蕊

甘草荚果

甘草的荚果弯弯曲曲的，好像镰刀的样子。荚果成熟后，就会炸裂开，扁圆形的种子就会四散炸飞，等待发芽生长。

甘草的花朵

甘草为总状花序腋生，有许多小花，淡紫红色，蝴蝶形，总花梗比叶子短。

司马君实遗甘草杖

[宋] 梅尧臣

美草将为杖，孤生马岭危。

难从荷筱叟，宁入化龙陂。

去与秦人采，来扶楚客衰。

药中称国老，我懒岂能医。

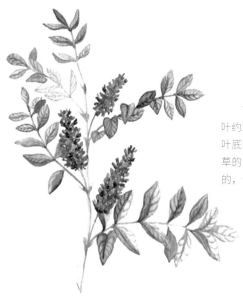

甘草的叶柄长5~20厘米，托叶约5毫米，宽约2毫米，叶面和叶底都有密密的白色短柔毛。甘草的花为紫色的、白色的或黄色的，长约10~24毫米。

春秋采收甘草时，保留挖出的粗根及根茎入药，可选择没有损伤、带有芽眼的根茎进行种植。此外，甘草还可以通过种子种植，一般分春播、夏播和秋播。

甘草气味芳香、味道微甜，可以当作调味品添加到糖果、蜜饯、口香糖等小食品中。烤肉的时侯我们也可以放一些甘草，这样烤出来的肉香中带点甜。

不暴躁，

不跳脚，

不吹胡子，不瞪眼，

也能成为重量级人物。

咳，就像我"甘国老"。

野草莓

薔薇科草莓属

别　　称：森林草莓、瓢子
种　　类：多年生草本植物
花果期：4—9月
高　　度：5～30厘米

　　野草莓生在山坡草地、林下，矮矮的，开着小白花，结着红红的果实，仿佛在引诱每一位路人："快来吃我吧。"不过也不能太心急，有时我们还要防止把它和蛇莓搞混了，因为蛇莓吃多了会肚子疼。

　　野草莓可以泡茶，闻起来会有青草的香味。果实中含有的钙、磷、铁等元素，能提高我们的肾脏功能。拉肚子的时候，将野草莓茶混着德国甘菊或者鼠尾草喝，能有一定的效果哟。

野草莓花朵纵切面

野草莓果实

野草莓花蕾

树莓

树莓属于直立灌木，花朵白色，花瓣长圆形或椭圆形。树莓的果实由很多小核果组成。

草莓

全株有5~15朵花，花瓣白色。草莓的果实颜色鲜红，外形很像心脏，营养价值很高。

蛇莓

全株长满柔毛，花是黄色的，结着诱人的红果实，不过我们最好别吃。因为它的果实虽然看起来很美，其实味道很淡，不好吃，吃多了还会肚子疼。

曼妙的身姿，

舞动着一个季节。

火热的情怀，

涌动着一番流韵。

那鲜红的印记，

诱惑着每一双唇。

夏枯草

唇形科夏枯草属

别　称：麦穗夏枯草、铁线夏枯草、麦夏枯
种　类：多年生草本植物
花　期：4—6月
高　度：20～40厘米

夏枯草是多年生草本植物，但是它在地上的部分从夏至开始就枯萎了，因此得了这个名字。夏枯草用处很大，各地的凉茶铺一般都有夏枯草饮品出售，很多酒店也会提供夏枯草凉茶。另外，夏枯草的嫩芽可以煮来吃，味道鲜美；其干燥果穗能用来做药。

夏枯草的花朵中花蜜很多，摘下来吸一口，甜甜的。正因为如此，每当夏枯草开花时，花朵都会吸引特别多的蜜蜂和蝴蝶哟。

等夏枯草的果穗变成黄褐色时，要及时采摘果穗，晒干后，去除杂质，贮存好种子备用。

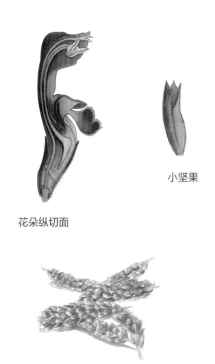

花朵纵切面

小坚果

花蕾

花朵

　　夏枯草穗大约能长到跟成人的手掌一样长，只要种上一次，以后每年它都会长出新株。

　　由于夏枯草性凉，体质虚寒或者患风湿病的人喝夏枯草凉茶，容易拉肚子甚至加重病情。

　　夏枯草的小花由下向上依次生长，偶尔会看到粉红色或白色的花。它的花朵枯萎后，能保持原来的样子，一直到秋天呢。

夏枯草就算凋谢了，

干枯的花朵，

一直都在，

直到秋天来临。

马唐

禾本科马唐属

别　称：羊麻、马饭、抓根草
种　类：一年生草本植物
花　期：7—9月
高　度：40～100厘米

马唐的生命力极其旺盛，它在地上蔓延着生长，茎会越来越长，末端距离主根也越来越远。通常情况下，这会加大输送养分的难度，但是这一点都难不倒马唐，因为马唐每长出一节茎，茎节位置就会再长出新的根，这些根能轻松地扎进土壤中吸取养分，进而长成新的植株。马唐无论是干草还是鲜草，都是良好的饲草，牛、羊、马、兔等都喜欢吃。除当作饲草外，马唐还可以制作绿肥。

马唐的花

马唐一般7—9月抽穗、开花。

马唐的种子

种子的壳衣上有细细的毛，能够黏附在动物的毛发上传播，还可以借助风力传播。

稗子

稗子和稻子很相似，是稻田中的恶性杂草，能够抢夺庄稼的营养物质。

牛筋草

牛筋草的根系发达，叶茎有很强的韧劲，可以通过种子、根茎等繁殖。它的穗比马唐的更厚实，也更坚韧。

马唐、稗子和牛筋草都是很好的家畜饲养原料。

我的伙伴遍及天涯海角！

我的伙伴都姓马！

马齿苋

马齿苋科马齿苋属

别　称：马苋、五行草、长命菜
种　类：一年生草本植物
花　期：5—8月
长　度：10～15厘米

马齿苋生长在菜园、农田、路旁，既耐旱又耐涝，生命力十分顽强，是常见的农田杂草。因为它的味道像苋菜，所以名字中带有一个"苋"字。因为它的叶子看起来像马的前齿，所以得名"马齿苋"。它的根是白色的，叶子是绿色的，种子是黑色的，茎带有暗红色，花是黄色的，分别对应五行学说中的金、木、水、火、土的代表色，因此它也被称为"五行草"。

马齿苋的花为黄色的，中午盛开，萼片是绿色的。

种子及剖面图

马齿苋的种子很细小，偏斜球形，成熟后为黑褐色，有光泽。

蒴果及剖面图

马齿苋又名长命菜，具有清热解毒、散血凉血的功效，可从春分时节，一直食用到夏末。等到了立秋时，马齿苋就要结籽啦。整个春夏时节，可以采摘鲜嫩的茎叶晒制成干菜，等到冬季时食用。

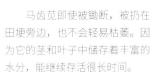

马齿苋即使被锄断，被扔在田埂旁边，也不会轻易枯萎。因为它的茎和叶子中储存着丰富的水分，能继续存活很长时间。

将马齿苋的嫩茎叶在盐水中浸泡10分钟，在沸水中烫一烫，加一些简单的佐料就可以食用。民间有歌谣说："马齿苋，沸水炸，大家吃了笑哈哈，为了啥？老人家的白发消失啦。"

嘿，

前面的小马儿，

请你笑一笑，

我要瞧瞧你的板牙，

像不像我的叶儿。

毒芹

伞形科毒芹属

别　称：野芹菜、芹叶钩吻、
　　　　斑毒芹、走马芹
种　类：多年生草本植物
花果期：7—8月
高　度：70～100厘米

　　毒芹十分危险。它全株有浓烈的臭味，嗅觉很敏感的食草动物很远就能闻出来，很少去吃它。可是因为它长得实在像水芹、茴香等食用植物，偶尔也会被食草动物甚至是人误食。毒芹全株有毒，根的毒性尤其大。谁要是把它吃下去，它就用自身的毒素展开报复，造成人畜恶心、呕吐、手脚发冷、四肢麻痹，严重时可能死亡。

　　毒芹虽然有毒，但是也具有一定的药用价值，可以用来止痛、拔毒、祛瘀，治疗风湿痛、痛风等疾病。

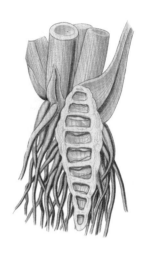

毒芹种子

毒芹的种子为分生果，近卵圆形，花果期在7—8月。

毒芹根系

毒芹的根状茎上有节，中间有横隔膜，主根短缩，支根较多。茎的中间是空的，呈圆筒形。

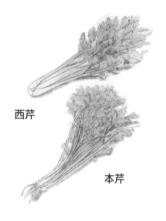

西芹

本芹

芹菜分本芹和西芹两种。本芹指中国芹菜，叶柄较细长，有白芹、青芹等；西芹指国外引入的，叶柄宽厚，单株比较重，可达1千克以上。

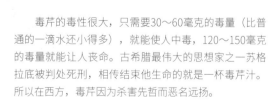

毒芹的毒性很大，只需要30～60毫克的毒量（比普通的一滴水还得小得多），就能使人中毒，120～150毫克的毒量就能让人丧命。古希腊最伟大的思想家之一苏格拉底被判处死刑，相传结束他生命的就是一杯毒芹汁。所以在西方，毒芹因为杀害先哲而恶名远扬。

克利托，

我欠了阿斯克勒庇俄斯一只鸡，

记得替我还上这笔债。

——苏格拉底

驴蹄草

毛茛科驴蹄草属

别　称：	驴脾气草、驴蹄菜、沼泽金盏花
种　类：	多年生草本植物
花　期：	5—9月
高　度：	10～50厘米

　　自然界中许多植物的名字和其外形有关。比如，驴蹄草的叶子很大，呈圆形或心形，有点像驴蹄，因此得了这个名字。驴蹄草喜欢生长在潮湿的地方。在溪流旁、湿草甸上、潮湿的林中、浅水里，你比较容易找到它。驴蹄草有毒，它的汁液会令人产生灼热感。驴蹄草的主要变种有膜叶驴蹄草、三角叶驴蹄草、长柱驴蹄草、掌裂驴蹄草等。它们分布在中国不同的地域中，如辽宁、内蒙古、吉林等，在朝鲜、日本、俄罗斯等国家也有分布。

蓇葖

花朵

驴蹄草的茎或分枝顶部有由2朵花组成的简单的单歧聚伞花序。

花蕊

驴蹄草的雄蕊长4.5~7毫米。花药长圆形，长1~1.6毫米，心皮与雄蕊近等长。

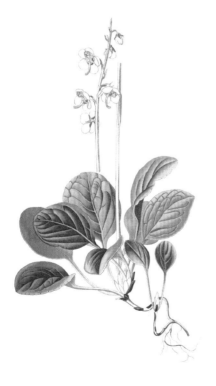

鹿蹄草

因其叶子像鹿蹄而得名，分亚种和欧种。亚种的叶子背面有一层白霜，有时带点紫色；欧种以圆叶鹿蹄草为代表。民间医生把鹿蹄草捣碎涂在伤口上，治疗刀剑伤。

北川驴蹄草

北川驴蹄草的叶子边缘为细密的锯齿状；有五片花瓣状的萼片，倒卵形或椭圆形；种子为椭圆球形。

马蹄草

马蹄草又名西湖莼菜、水莲叶，叶片很像盾牌，夏秋时节开小小的黄绿色花，可以养在水池、水盆中。

驴蹄草

驴蹄草的整株都有毒，富含的白头翁素和其他植物碱，可制土农药，也可以入药，具有散寒、除风的功效。

鹿蹄草

鹿蹄草的叶子一年四季绿油油的，花朵白色，带点淡淡的红色，适合当作观赏植物来养。

采集注意事项：

采集的植物保持完整不损坏；

将采集地点、植物特征写在纸条上，防止混淆；

将纸条粘在标本上；

将标本放入标本箱中或标本夹内。

山柳菊

菊科山柳菊属

别　称：伞花山柳菊、柳叶蒲
　　　　公英
种　类：多年生草本植物
花　期：6—8月
高　度：30～100厘米

山柳菊，既不像柳树那样身姿高大，又没有秋菊那种迎着霜雪盛开的本领，它矮矮小小，高不到1米，普通得不能再普通。但是它能够在贫瘠的山麓上倔强地生长着。

夏末，山柳菊已经爬满了山麓，但是花蕾还没有绽放，看上去像倒着放的油纸伞。初秋时节，这些"伞"在山麓上纷纷撑开，那些黄色条形的花瓣像散开的黄色小纸条，缀满整个山麓，构成了一道靓丽的风景线。深秋时节，种子成熟了，就会乘着风飞向远方安家，等待来年春天发芽。

苞片

山柳菊能做牧草，牛羊都爱吃；山柳菊能做药，可以清热解毒；山柳菊还能用来染羊毛和丝绸。

舌状花

山柳菊为头状花序，花序内全为舌状花，有10余朵，花冠为黄色的。

花环菊

花环菊的花有红色的、粉色的、黄色的、白色的、紫色的等，常常有两三种颜色呈现出环状，可以作为切花材料。

春黄菊

春黄菊为多年生草本植物，品种很多，各有不同，如臭春黄菊有强烈的臭味，可以制作杀虫剂；果香菊或白花春黄菊能制成春黄菊茶。

我细看山柳菊，
细看毛茛，
借着毒液，
它们逃脱了放牧的羊群：
难道痛苦就是你的礼物，
只为让我觉察我对你的需要

……

——[美国]露易丝·格吕克《晚祷》

龙芽草

蔷薇科龙芽草属

别　称：狼芽草、老鹤嘴、瓜香草
种　类：多年生草本植物
花　期：5—9月
高　度：30～120厘米

　　在树林中、山坡上或者马路边，你很容易遇到龙芽草。来，仔细瞧瞧它：除了叶和花，它身上长满细细的柔毛；叶子是倒卵形的（卵形大概像鸡蛋的轮廓，一边大一边小），边缘有很多锯齿；花朵很小，金黄色，成串长在茎枝上，远看像金黄的稻穗。

　　黄龙尾是龙芽草的变种，其茎下部密布着粗硬毛，叶脉及叶面上有长硬毛或微硬毛，叶脉间有密密的柔毛或绒毛。

龙芽草花朵剖面
龙芽草的花瓣是黄色的，花柱为丝状，柱头为头状。

龙芽草的花朵直径有6~9毫米，为花序穗状总状顶生，花梗长1~5毫米，和花序轴一样有柔毛。

龙芽草的果实呈倒卵圆锥形，外层有10条肋，上面有稀疏的柔毛，顶端有数层钩刺，钩刺长7~8毫米，最宽的地方直径为3~4毫米。

龙芽草果实上的钩刺在成长过程中是直立的，等果实成熟时会靠合起来。当小动物经过时，果实就会粘在它们的毛发上，跟着去远方扎根落户啦。

春夏时节，
采摘新鲜的龙芽草茎叶，
沸水焯熟后才可以吃哟！

看麦娘

禾本科看麦娘属

别　称：山高粱、路边谷、棒槌草

种　类：一年生草本植物

花果期：4-8月

高　度：15～40厘米

看麦娘是一种很常见的农田杂草，喜欢和农作物抢营养，加上它的种子成熟时间不一，且容易脱落，对农田危害很大，所以农民伯伯很不喜欢它。它的叶片又扁又平，小穗呈椭圆形或长圆形，不难认出来。农民伯伯只要在麦田里发现它，就会锄掉。

看麦娘也并非一无是处哟。它能入药，对治疗水肿、水痘和消化不良等有效果。另外，它的草质好，蛋白质含量丰富，牛、马都喜欢吃，但绵羊和山羊不太喜欢吃。

花药

看麦娘的花药为橙黄色的，长0.5~0.8毫米，颖果长约1毫米。

颖果

花朵

看麦娘的花为圆锥花序，呈圆柱状，灰绿色。

小穗

小穗为椭圆形或卵状长圆形。

看麦娘

看麦娘的种子细小，成熟时间不一致，非常容易脱落。清除田间的看麦娘时，一定要在它没抽穗前铲除。

燕麦

燕麦，又叫野麦子，为圆锥花序，小穗含2至数朵花，小穗柄弯曲下垂。成熟时，内外稃紧紧抱着籽粒，不容易分离。

小麦

小麦按季节的不同分为春小麦和冬小麦。它为穗状花序，直立，除麦芒外，穗长5~10厘米，有3~9朵小花。

油炒乌英花，菱科甚可夸；

蒲根菜并茭儿菜，

四般近水实清华。

看麦娘，娇且佳；

破破纳，不穿他；

苦麻台下藩篱架。

……

——《西游记》第八十六回《木母助威征怪物　金公施法
灭妖邪》中樵夫母子款待唐僧师徒的菜肴

别　称：紫花苜蓿、苜蓿、牧
　　　　蓿、路蒸
种　类：多年生草本植物
花　期：5—7月
高　度：30～100厘米

　　紫苜蓿含有丰富的蛋白质、维生素和矿物质，被称为"牧草之王"。它的根粗壮发达，生长多年的根能够深入地下超过10米，所以它可以吸收到更多的矿物质，成为营养丰富的牧草。

　　紫苜蓿的根能够吸收地下深层的水分，所以它不怕干旱。但是它有个弱点——怕水淹。紫苜蓿非常耐寒，在零下30度也冻不死，可是遇到高温它就会烂根死亡。这两个特征，决定它适合生长在我国的北方地区。

花蕾

花朵纵切面

花朵

紫苜蓿花冠各色，淡黄色的、深蓝色至暗紫色的，花瓣均有长瓣柄，花柱短阔，柱头呈点状。

花茎

紫苜蓿的茎叶柔嫩鲜美，富含营养物质，除作为饲料与牧草外，还可作为野菜食用。

根

紫苜蓿为多年生草本植物，根茎十分旺盛，长有根瘤，能够固定并提供满足自身生长需求的氮素营养。

紫苜蓿的故乡在中亚地区，名字最初的意思是"所有食物之父"。它在世界各国都有种植。收获时要避免雨淋，尽量减少在地里的晾晒时间，打捆后及时送到场院储存。

咏苜蓿

[宋]梅尧臣

苜蓿来西域，蒲萄亦既随。

胡人初未惜，汉使始能持。

宛马当求日，离宫旧种时。

黄花今自发，撩乱牧牛陂。

加入伴读交流群

每天认识新植物

多学多听涨知识

「入群指南详见本书版权页」

乳浆大戟

大戟科大戟属

别　称：猫眼草、烂疤眼
种　类：一年生草本植物
花果期：4—10月
高　度：15～40厘米

　　乳浆大戟长得有点怪：它的花没有花瓣，只是在花萼中央有个金黄色的圆盘，形状有点像猫咪的眼睛。因此，它也被叫作猫眼草。乳浆大戟生长在路旁、丛林、河沟、荒山、沙丘等地，除我国云南、贵州、海南和西藏外，其他地方都有分布。

　　乳浆大戟有毒，误食会腐蚀肠胃黏膜，因此不能乱吃。但是乳浆大戟可以拔毒止痒，聪明的医生就用它来治病。得了扁平疣，皮肤上长满小痘痘，折断乳浆大戟的茎，用流出的白色乳液涂在皮肤上，没过几天病就会好了。

蒴果
蒴果为三棱状球形，成熟时分裂成3个分果瓣。

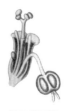

蒴果纵切图

乳浆大戟的雄蕊

花朵
乳浆大戟的花序单生于二歧分枝的顶端，总苞钟状，雄花多枚，雌花1枚，子房柄明显伸出总苞之外。

蒴果横切图

种子
乳浆大戟的种子呈卵球状，几毫米大小，成熟时变成黄褐色。

乳浆大戟的种子能榨油，供工业用。乳浆大戟有杀虫的功效，把它切碎扔进粪坑里，能杀死蛆虫。

仿佛一群不安分的

小精灵

叽叽喳喳，

跳跃在原野之上。

别　称：牛奶蓟、老鼠筋、水飞雉
种　类：一年生或二年生草本植物
花　期：5—10月
高　度：30～120厘米

　　水飞蓟对水分要求不高，喜欢干燥气候，甚至能在沙滩土和盐碱土中成长。

　　水飞蓟叶子青翠，而且很大，基生叶约30厘米长、10厘米宽。它的叶缘全是硬刺，千万别用手去碰。水飞蓟开着圆球形的花，上面全是小细管，看起来像个可爱的毛毛球。当苞片枯黄向内卷曲成筒、顶部冠毛微张开时，种子就成熟啦。这时，我们要及时采收，不然它们的种子会像蒲公英那样随风飞走的。

13世纪时，丹麦和苏格兰发生了战争。丹麦士兵包围了苏格兰城，他们裸着身子，准备涉过护城河，攻上城墙。谁知，护城河中长着一片片的蓟田，一点儿水都没有。士兵们被蓟的刺扎得痛苦不堪，苏格兰士兵趁此机会突破重围，大获全胜。从此，水飞蓟花就成为苏格兰的国花。

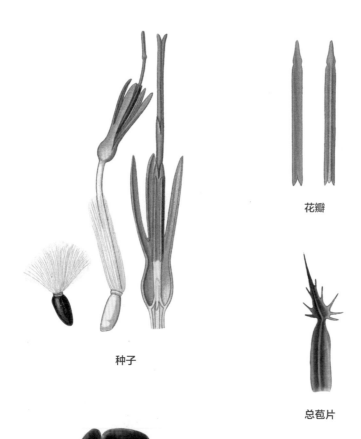

花瓣

种子

总苞片

柔毛脱落后的种子

水飞蓟的种子较小，成熟后便一直处在休眠期，等待合适的机会发芽破土，茁壮成长。

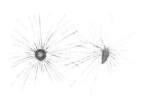

带柔毛的种子

水飞蓟的种子很像蒲公英的种子，有着长长的白柔毛，像一个个小降落伞，风一吹就会飞向远方。

水飞蓟的花朵

水飞蓟的花朵为红紫色的，少有白色的，长约3厘米。等花儿凋谢后，就会长成带冠毛的瘦果。瘦果成熟后，就会炸裂开来，种子便会随风起舞啦。

　　从前，人们在野外经常误采剧毒蘑菇，后来有人发现一种叫作水飞蓟的草药，事先吃下它，再吃剧毒菇也不会中毒（剂量很关键）。这种草药的枝干中含有白色汁液，因此水飞蓟又叫作牛奶蓟。

传说，凯撒大帝的部队在战争中遭遇了疾病。天神派使者告诉他："弓箭所射到的草就可以治愈士兵。"而这种草就是水飞蓟。

别　　称：土黄连、牛金花、断
　　　　　肠草、黄汤子
种　　类：多年生草本植物
花果期：5—9月
高　　度：30～100厘米

　　白屈菜的茎纤细却坚韧，要使点劲才能拉断。它的茎上面长满白色的细长柔毛；叶子像艾草叶；花是黄色的，很像白菜花。你到郊外远足时，也许就能遇到它呢。

　　假如你要观察白屈菜，最好用工具将它的茎切断，这样就能看到黄灿灿的液体流出来了。这是因为折断它的茎时，那些黄色液体会沾得满手都是，如果不小心弄到衣服上，就会很难洗掉，而且这些液体是有毒的。

花蕊

白屈菜为伞形花序多花植物，花瓣呈倒卵形，雄蕊长约8毫米，花丝呈丝状，黄色，花药为长圆形，子房为线形。

蒴果

白屈菜的蒴果和油菜的很像，呈狭圆柱形，种子长约1毫米或更小，暗褐色的。

白屈菜

白屈菜比秃疮花高大，高30~100厘米，叶子很像艾草叶，花很像白菜花，花朵中央的雄蕊很显眼。

秃疮花

秃疮花为多年生草本植物，整株都含有淡黄色的液体，高25~80厘米，有毒，可入药。

只要落日能够长久，
报春花将有它们的光荣；
只要紫罗兰能够长久，
在故事里面将有一席之地；
这里有一朵花将是我的，
那是小白屈菜。

——［英国］威廉·华兹华斯《致小白屈菜》

缬草

败酱科缬草属

别　称：鹿子草、满山香、甘松
种　类：多年生草本植物
花　期：6—7月
高　度：100～150厘米

缬（xié）草的故乡在欧洲以及亚洲部分地区，所以它也叫作欧缬草。缬草一般生长在山坡草地上、树林里或水沟边，上面经常落着蝴蝶并爬满飞蛾的幼虫。因为这些昆虫都喜欢吃缬草的茎叶。

缬草的花密生在花序轴上，整个夏季都会开放。它的花香气浓烈，要是走近了，甚至呛得人难受。缬草的种类较多，如新疆缬草、瑞香缬草、毛果缬草、长序缬草、小缬草、高山缬草等。

种子

缬草的种子呈卵圆形，高1.5毫米，直径1毫米，黑褐色，成熟期在8—9月。

花朵剖面图

缬草的花柱细长；花盘环状，前方稍增大，后方延伸成极短子房柄。

单朵花

缬草花序

缬草花序生长在茎及枝的顶上，花冠淡紫红色或白色，6—7月开花。

缬草根部

缬草的根茎肥厚，可以入药，有镇静作用，可以治疗心神不宁或者失眠。现代的安眠药没有发明之前，人们就是用缬草来治疗失眠症的。

缬草香气浓烈，在中世纪时期，欧洲人除了把它当作草药，还把它用作食物调料。到近代，德国人用它来增加香烟和化妆品的香味。

到我了。

该说点什么呢?

我很讨厌蝴蝶,

也很讨厌飞蛾。

可我却离不开它们。

嗯,就说这么多吧。

蕨麻

蔷薇科委陵菜属

别　称： 人参果、莲花菜
种　类： 多年生草本植物
花　期： 5—7月
高　度： 15～25厘米

　　在阳光直射的河滩、潮湿草地或者田边转转，你多半就能发现蕨麻的踪迹。挖出它的根，你会发现这看起来简直像人参。实际上，这些膨大的根里面含有丰富的淀粉、蛋白质以及其他营养成分，经常吃有延年益寿的功效，一点也不比人参差。

　　另外，它的根不仅可以酿酒和制作甜食，而且可以入药和提制栲胶。

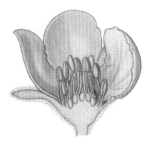

瘦果
蕨麻的瘦果是椭圆形的，被宿存萼包裹，成熟时变成褐色。

 种子

花朵纵切面
蕨麻的花为顶生聚伞花序，鲜黄色，花梗较长。

花朵背面

块茎
蕨麻主要通过根系及匍匐茎进行繁殖。秋季或早春时，可以挖取它的块茎煮粥吃，味道香甜可口；块茎还可以入药、酿酒。

花叶
蕨麻的叶面亮绿，叶被有一层白细的绵毛，好像鹅绒。它糖分充足，味道甜，是野菜中的佳品。春夏两季，可以采摘嫩茎叶，用沸水焯一下，炒着吃。

《西游记》中的人参果"三千年一开花，三千年一结果，再三千年才得熟……闻一闻，就活三百六十岁；吃一个，就活四万七千年。"我虽然也叫人参果，可是我却没有这样的本事。唉！

——蕨麻语录

酢浆草

酢浆草科酢浆草属

别　称：酸浆草、酸酸草、斑鸠酸、三叶酸、酸咪咪
种　类：多年生草本植物
花果期：5—9月
高　度：10～35厘米

　　我们南方很多地方管酢（cù）浆草叫酸咪咪。之所以这么叫，是因为酢浆草的茎和叶子含有草酸，味道酸酸的，动物们消化不良时，会吃一点酢浆草来帮助消化。

　　它的叶子很特别，一般是3片，每片都呈心形；花黄色的、白色的、紫色的都有；果实小小的，形状像橄榄球。

　　酢浆草精通"休眠之术"，每到晚上或阴天时，酢浆草的花和叶子会闭合，仿佛在睡觉，这被称为植物的"睡眠现象"。

展开的花瓣

花朵纵切面

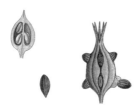

蒴果、蒴果纵切面及种子

蒴果成熟后会自动炸开，把里面的种子弹射出去。

紫叶酢浆草

紫叶酢浆草的叶片是紫色的，花色淡雅，花繁叶多，花期较长，是优良的彩叶观赏植物。

酢浆草

酢浆草全株有绒毛，花有5瓣，掌状复叶有3小叶，为倒心形。

红花酢浆草

红花酢浆草的花为淡紫色至紫红色的，小叶片呈扁圆状倒心形，3—12月开花、结果。

　　酢浆草通常有3片叶子，偶尔出现4片叶子的白色酢浆草，欧洲人称它为"幸运草"。传说找到幸运草，对着它许愿，愿望就能成真。

虽然我没有4片叶子，

也对着我许个愿吧。

也许，会成真呢。

别　称：山芹菜、五指疳、鸭
　　　　脚板
种　类：多年生草本植物
花果期：4—10月
高　度：100厘米

过去在我们乡下，整个春天到夏初都是采摘变豆菜的时节。变豆菜怎样识别？叶片宽大，叶掌一般3裂，偶尔5裂；花白色，萼齿长（联合在一起的萼片，上端的分离部分是萼齿），花瓣和雄蕊通常不超过萼齿；双悬果球形，外面生有带钩的皮刺。《救荒本草》载："叶似地牡丹，叶极大，五花叉，锯齿尖，其后叶中分生茎叉，梢叶颇小，上开白花，其叶味甘……"

变豆菜在世界各地都有分布，主要生长在海拔200~3000米的阴湿山坡地带、杂木丛下、溪边草地等，暂时没有人工引种栽培。

花朵正面

变豆菜有6~10朵花，其中含3~7朵雄花，稍短于两性花，花瓣为白色的或绿白色的，呈倒卵形或长倒卵形。

变豆菜花朵

果实

变豆菜的果实呈圆卵形，皮刺直立，顶端呈钩状，纵切面呈椭圆形。

变豆菜的叶子含有丰富的胡萝卜素，而胡萝卜素对近视或者长时间对着电脑的人有好处。

将变豆菜的嫩叶用沸水焯一下，换清水浸泡后，凉拌、炒食、做馅和腌制都可以。

我喜欢待在阴湿的地方。

在阴湿的树林中、沟渠旁、路边，

你可以找着我。

变豆菜，

变变——变，

你就是找不着我。

石松

石松科石松属

別　称：伸筋草、宽筋藤、过
山龙、玉柏
种　类：多年生草本植物
观叶期：四季
长　度：匍匐茎可长达2米

　　石松是地球上最古老的植物之一，既没有花朵，又没有种子，却在地球上繁衍了几百万年。你知道它是如何做到的吗？石松的分枝顶端长着一根根像棒子一样的东西，叫作孢子囊，上面结满孢子。孢子很小很轻，小到肉眼都看不清，所以风随便一吹，它们就飞走了，风停了，它们就落地生长。石松就是依靠这些孢子来繁衍并长成新株的。

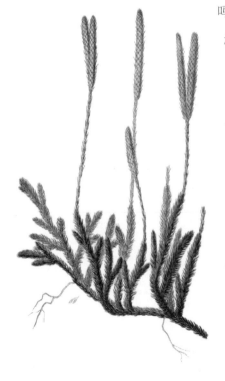

孢子

石松的孢子在7—8月成熟。

孢子叶

孢子叶呈卵状三角形，顶部急尖而且有尖尾，边缘有不规则的锯齿。

孢子囊呈肾形，淡黄褐色。

石松的叶子是单叶，深绿色的。

营养枝

石松的营养枝多分叉，叶子浓密，呈针形，长3~4毫米。

孢子囊穗

石松的孢子囊穗有柄，长2.5~5厘米，通常2~6个生于孢子枝的上部。

孢子枝

孢子枝从营养枝上长出，要远高于营养枝，叶子比较稀疏。

石松

石松的叶子呈针形，密密麻麻地长在茎上，使它看起来像一条条绿色的尾巴。

松枝

松树的叶子呈扁平线形或针形，螺旋状互生或在短枝上成簇生，每根松针外面都有一层厚厚的角质层和一层蜡质的外膜，以减少水分的丧失。

石松也叫伸筋草，这里还有一则有趣的故事呢。相传，宋代有个县官叫李东杰，为官清廉，体恤百姓，深受人们的爱戴。一年夏天，县里遭遇大旱，乞讨的难民日益增多。他一面上书朝廷，一面开仓放粮，还亲自将粮食送到每村每户家中。一次送粮途中，他突然双腿疼痛难忍，无法行走。送医后，大夫也束手无策。一个老农从背篓里拿出一把草药，煎水给李东杰服下。几天后，他果然能下床走路了。得知这种草药叫"山猫儿"，他觉得既不好听，又不能说明其药性，就为它取名叫"伸筋草"。

石松是一种难得的好药材，能治风湿疼痛、跌打损伤、刀伤、烫伤等。

芸香

芸香科芸香属

别　称： 七里香、香草、小香
　　　　茅草、石灰草
种　类： 多年生草本植物
花　期： 3—6月
高　度： 100厘米

芸香是一种既适合观赏又功效丰富的植物。作为药材，芸香能够治疗感冒发烧、头疼、跌打损伤等。作为观赏植物，芸香的灰绿叶子，看起来安安静静；金黄色小花，多么灿烂、活泼，非常适合在家中养上几盆。

此外，芸香素有"香王"之称，它散发出来的香气能杀死书中的蛀虫，常被古代的读书人放在书斋内、夹在书页中，因此书斋就有了"芸窗""芸署"等说法。

花朵

芸香的花朵为金黄色的,有4片花瓣,花直径约2厘米,可以用来插花或制成干燥花。

蒴果、纵切面、横切面

芸香的蒴果从顶端开裂至中部,果皮有凸起的油点。果期7~9月。

种子、纵切面、横切面

芸香的种子为肾形,长约1.5毫米,成熟后为黑褐色的。

古人为了防止蛀虫咬食书籍,就在书页里夹上芸香,久而久之,书中缭绕着清香之气。唐朝诗人姚合在《偶题》中说:"迟日逍遥芸草长,圣朝清净谏臣闲。"宋朝诗人梅尧臣在《和刁太傅新墅十题·西斋》中说:"请君架上添芸草,莫遣中间有蠹鱼。"

临江仙·赠送

[宋]苏轼

诗句端来磨我钝，钝锥不解生芒。
欢颜为我解冰霜。
酒阑清梦觉，春草满地塘。

应念雪堂坡下老，昔年共采芸香。
功成名遂早还乡。
回车来过我，乔木拥千章。

别　称：还魂草、万年松、长
生草
种　类：多年生草本植物
观叶期：四季
高　度：5～15厘米

卷柏伏地而生，柔弱多分枝，各分枝生有细根；叶淡绿色，远看像长在茎上的小鳞片——怎么看，这个"小不点"都显得其貌不扬。然而，它极其耐旱，能够"死而复生"。

卷柏一般生长在干燥的岩石缝中或荒石坡上，这样的地方水分极少，就算下雨也仅仅是有少量雨水快速流过。但是卷柏丝毫不担心，它有水则生、无水则"死"：无水时，卷柏将枝叶蜷曲成团，褪去绿色，像枯死一样；一旦有水，它就大量吸水，展现出惹人喜爱的翠绿色。

卷柏就这样在生与"死"之间循环，随风而动，遇水而荣，代代相传、繁衍不息。

孢子叶穗

卷柏的孢子叶穗紧密贴合一起，大孢子浅黄色，小孢子橘黄色。

分茎繁殖

将卷柏的匍匐茎切成3~6厘米的茎段，放在细沙土上，每日浇水3~4次，保持湿润，即可成活。

①失去水分的卷柏，很像一团枯枝。

②吸水后，卷柏的叶子就会慢慢舒展，变绿。

卷柏的根

卷柏的根托生于茎的基部，多分叉，和茎及分枝密集形成树状主干，有时高达数十厘米。

③叶子变得翠绿可人。

④整棵卷柏完全"死而复生"，等待孢子成熟。

又次王恭叔韵

[宋]楼钥

人为天地最灵物，
野卉无情犹若此。
石间薜荔水昌阳，
卷柏生崖并葛藟。
是皆草中号长久，
未见县空解葩蘂。
柯叶不改耐岁寒，
土著青松那可拟。
不须丹砂访葛洪，
毋用仙方传李耳。
未知此种谁为传，
乌有先生子虚子。

119

柳兰

柳叶菜科柳叶菜属

別 称：铁筷子、火烧兰、糯芋
种 类：多年生草本植物
花 期：6—9月
高 度：30～200厘米

柳兰，光看名字，你猜它究竟是柳还是兰？事实上，柳兰既不是柳，也不是兰。它属于柳叶菜科植物。初春时分，我们可以把柳兰的嫩芽采摘下来，用开水焯过，做成美味的沙拉吃。

柳兰野生于草地、森林边缘，喜凉爽、湿润的环境。它的种子生命力强大，裸露在地表上也能够发芽。柳兰的地下茎生长能力也非常强，这些本事对于形成大片群体有很大帮助。

柳兰的花穗长且大，花色艳美，成片开花时非常壮观。它适宜做花境的背景材料，还可用来插花。

柳兰花紫红色，展开成4瓣，最特别的是它花心的子房，又细又长，看上去如同一根花梗。当剪去柳兰的上部花枝后，它还能长出新的分枝，继续吐苞开花。

种子
种子表面光滑，具有不规则的细网纹，种缨灰白色，长10~17毫米。

成熟的蒴果
蒴果成熟时，会裂开4瓣，种子借助风力传播。

蒴果
蒴果长4~8厘米，果梗长0.5~1.9厘米。

柳兰的果实成熟后会产生大量的种子，每千克达上千万粒。春播和秋播均可。

我独自在岸边。

等你来，

一起玩耍。

婆婆纳

玄参科婆婆纳属

别　称：双肾草、桑肾子、卵
　　　　子草
种　类：一年或二年生草本植物
花　期：3—10月
高　度：10～25厘米

　　婆婆纳的花蕾藏在宽大的花萼中，毫不起眼。花蕾打开的时候，婆婆纳也并不起眼。你瞧，它的花只有4~5毫米大，比黄豆粒还小，怎么能吸引人呢？但是如果草地上一簇簇的婆婆纳同时开花，你就不能忽视它们了。

　　婆婆纳的花很弱小，一阵风吹过，就整朵整朵地从枝头上掉落，铺在草地上。它的花有蓝、白、粉三种颜色，看上去像掉落在青青草地的小宝石，非常漂亮。

花朵展开图

花朵

婆婆纳的花朵单生于苞腋，花冠淡蓝色，有深蓝色的脉纹。

花蕾及纵切图

果实纵切图

婆婆纳的果实长得像两颗肾，所以它也被叫作双肾草。

波斯婆婆纳

波斯婆婆纳开花后，看起来像一片片蓝色的星星海。下午三四点时，花儿就会掉落。阴天时，花儿不会开放，而是直接掉在地上。

穗花婆婆纳

穗花婆婆纳的花穗挺拔细长，花冠为淡蓝紫色的，花枝优美，是仲夏时节盛开的花卉。该属花卉有蓝、白、粉三种颜色。

一个温厚慈祥的名字，

遍地花开时，犹如童话般的王国。

一片片花瓣，那是最亮的蓝，

仿佛太阳般永不消失。

曼陀罗

茄科曼陀罗属

别 称：	曼荼（tú）罗、醉心花、洋金花、大喇叭花
种 类：	一年生草本
花 期：	6—10月
高 度：	50～150厘米

曼陀罗花像喇叭花，但是比喇叭花大得多，有白色、黄色等一般品种，也有紫色等稀有品种，绽放时美得简直让人心醉。

曼陀罗花中含有莨菪碱、阿托品等成分，它们可以麻醉人的中枢神经，可用作止痛剂和麻醉剂。正因为如此，一旦曼陀罗花用量过多，人便会中毒、产生幻觉，甚至是疯癫。因此曼陀罗即是"天使"，又是"魔鬼"。它使人心醉，产生幻觉，"醉心花"的称呼大概就是这样来的。

蒴果横切面

蒴果

曼陀罗的蒴果呈卵状，长3~4.5厘米，直径2~4厘米，表面有坚硬针刺，有的无刺而近乎平滑，有规则的4瓣裂，成熟后为淡黄色。

曼陀罗的种子呈卵圆形，稍扁，黑色，长约4毫米。

种子纵切面　　　　　**种子**

曼陀罗含有剧毒，不适合养在家中。把它栽种在庭院中，也要提防小孩子误食或者凑近去闻它。

①曼陀罗的花萼为筒状，花期在6—10月。

②曼陀罗的花冠呈漏斗状，花的颜色有白色、紫色、红色、粉色、黑色等。

③曼陀罗的花期很长，只要温度合适，一年四季就都可以开花。花朵凋谢后，蒴果就会渐渐长大。

④曼陀罗靠种子进行繁殖，它的蒴果成熟期在7—11月，每个蒴果能产生数十粒种子。

曼陀罗花

[宋]陈与义

我圃殊不俗，翠蕤敷玉房。

秋风不敢吹，谓是天上香。

烟迷金钱梦，露醉木蕖妆。

同时不同调，晓月照低昂。

款冬

菊科款冬属

別　称：冬花、款冬蒲公英、
　　　　九九花
种　类：多年生草本植物
花　期：2—3月
高　度：10～25厘米

假如冬天还没过去，你在山谷湿地或林下看到它打开黄色的花盘时，就证明春天不远了。它就是款冬，每年冬末绽放。通常植物是先长叶后开花，但款冬是先开花后长叶。

等开完花，初春天气乍暖，你就能看到款冬的叶子了。款冬的叶子非常大，呈心形。在乡下，孩子们将款冬的叶子举过头顶，防止日晒；有时下雨了，孩子们也用它当雨伞，遮住小脑袋。款冬的采收期通常在冬季，以蕾大、身干、色紫红、梗极短、无开放花朵者为佳。

舌状花、筒状花、种子
款冬的瘦果呈圆柱形，冠毛白色，种子细长。蒴果成熟后会像蒲公英一样，种子也会变成"小伞兵"，飞向远方。

花朵
款冬的头状花序顶生，花蕾呈棒状或长椭圆形，单一或2~3朵并生，有时会达5朵。未开放的花序可以作为药用。

春季采摘款冬的嫩茎叶，用沸水烫过就是一道美味。另外，款冬可以做药，对治疗咳嗽有效。入药部位是花蕾，所以得在10月下旬—12月下旬，趁它没开花时候采摘。

款冬是先开花后长叶的，它的花从茎的末端开出，叶子非常大，可以用作伞或遮阳的工具。

送道友归

[宋]周文璞

浮云起足下，是子欲归家。

藏室收芸蠹，丹房扫箭砂。

时闻捣药鸟，啼向款冬花。

莫使山童去，惊飞逐乱鸦。

蒲公英

菊科蒲公英属

别　称：华花郎、婆婆丁、尿床草、黄花地丁
种　类：多年生草本植物
花　期：3—8月
高　度：10～25厘米

蒲公英生长在阳光充足的地方。花季来临时，它黄色的团状小花就会打开，一朵朵，远看像掉落在草地里的小星星，漂亮极了。过了花季，花朵凋零，蒲公英的枝上留下一个个白色的小绒球，这是它的种子。种子成熟之后，就像一个个小伞兵乘着风去旅行了。风停了，它轻轻落地，在新的环境里安家落户。蒲公英的种子没有休眠期，从春到秋可以随时发芽。所以只要条件合适，蒲公英就随时都能孕育出新的生命。

花朵

蒲公英为头状花序，直径30~40毫米。

花药和柱头

舌状花

舌状花黄色，舌片长约8毫米。

种子

采种时，摘下蒲公英的花盘，待种子半干时，搓掉间断的绒毛，晒干即可。

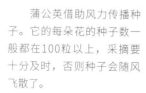

蒲公英借助风力传播种子。它的每朵花的种子数一般都在100粒以上，采摘要十分及时，否则种子会随风飞散了。

①蒲公英的种子没有休眠期，从春天到秋天都可以播种，约一周时间就可以出苗。

②蒲公英的幼苗可以食用。可以采摘嫩叶，也可以整株割取。整棵割取后，根部可以继续长出新芽。

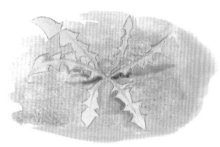

③蒲公英是多年生宿根性植物，野生条件下两年生植株就能开花结籽，种子会随着年限增加而增多。

④蒲公英开花后，经13~15天种子即可成熟，然后会随着风儿飞到远方，去"扎根落户"了。

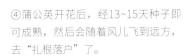

成都书事百韵（节选）

[宋]薛田

地丁叶嫩和岚采，
天蓼芽新入粉煎。
平代启闸闻继焉，
监军凭轼见刘焉。
蕙兰裹馥幽蹊畔，
菱芡交铺曲岛边。
绘网晚晴夸蹴踘，
画绳寒食戏秋千。

借助风力传播种子的植物

水飞蓟

水飞蓟的花儿凋谢后，小花就会长出种子。种子成熟后，会随风飘向远方。

杨树

杨树的种子很小，非常容易丧失发芽力，但可以扦插繁殖。

木棉

木棉的蒴果成熟时非常容易爆裂，种子会随着棉絮飞散。

蒲公英

种子挂在降落伞一样的绒毛上随风飞舞。

山柳菊

山柳菊的瘦果是圆筒形的，种子的冠毛是浅棕色的，风儿一吹就飞走啦。

黄鹌菜

黄鹌菜的瘦果呈纺锤状，种子带有白色冠毛，可借助风力传播。

萝藦

萝藦的嫩果可以食用，成熟后会自动裂开，种子随风飘向远方。

柳树

柳树的种子上有白色绒毛，随风飞散犹如飘絮，所以叫作柳絮。

榆树

榆钱嫩时可食用，成熟后会被风吹落，等待发芽的时机啦。

借助其他方式传播种子的植物

苍耳

苍耳的种子生有带钩的硬刺，可以通过粘在动物的毛发或人的衣服上进行传播。

曼陀罗

曼陀罗的蒴果外有一层硬刺，成熟后蒴果会崩裂开，种子四散而去。

狼杷草

狼杷草的瘦果边缘有倒刺毛，可以勾附在动物的毛或人的衣服上进行传播。

睡莲

睡莲的种子在水中成熟，依靠水流传播到远方，还可以靠根茎繁殖。

凤仙花

凤仙花的种子如芝麻般大小，荚果成熟后会自行爆裂，将种子弹出，自播繁殖。

酢浆草

酢浆草的种子依靠假种皮的弹力进行传播，种子越大弹得越远。

车前

车前的种子可借助风力传播，也可依附动物皮毛及人的衣服传播。

野葡萄

野葡萄的种子很坚硬，不会被鸟儿和动物消化掉，随着它们的粪便扎根落户。

椰子

椰子成熟后落在水面上，会借助波浪飘向远方，寻找合适的沃土。

竹马书坊 著

写给孩子的
自然 中册
启蒙课

天津出版传媒集团

天津科学技术出版社

目 录

contents

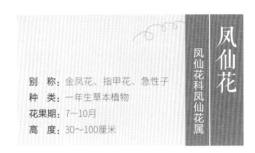

凤仙花

凤仙花科凤仙花属

别　称：金凤花、指甲花、急性子
种　类：一年生草本植物
花果期：7—10月
高　度：30～100厘米

凤仙花有个英文别名，叫作"Touch-me-not"，意思是"别碰我"。凤仙花的果实像是橄榄形的小毛球，在秋天成熟时，你轻轻一碰，它立即炸开，把黑色的种子弹射出来——所以它才让你别碰它呀。即使没人去碰它，凤仙花也会按捺不住，它的蒴果会自己炸裂，将种子弹射到周围的地上。为什么呀？因为这是它的自播繁殖方式。它必须让种子落地，然后发芽并长成新株。

蒴果

凤仙花的蒴果呈纺
缍形，种子成熟
后，会弹射出去。

花朵

凤仙花花朵单生或2~3朵簇生
于叶腋，花白色、粉红色或紫
色，单瓣或重瓣。

①采摘新鲜的凤仙花瓣。

②将花瓣捣碎，成泥状。

③将花瓣泥敷在指甲上，静等一天。

④漂亮的指甲染好啦。

凤仙花

[宋]杨万里

细看金凤小花丛,
费尽司花染作工。
雪色白边袍色紫,
更饶深浅四般红。

仙人掌

仙人掌科仙人掌属

别 称：	仙巴掌、观音掌、霸王树、火掌	
种 类：	多年生草本植物	
花 期：	6—10月	
高 度：	1～3米	

　　仙人掌，人称"针刺大师"，生长在广袤的沙漠中。为了抵抗干旱，它练出了一身本领：第一，它表面生有一层蜡质，以防止水分流失；第二，它的叶子进化成尖刺，防止水分蒸腾，并保护自己不被吃掉；第三，它的枝干能够大量储水；第四，它的根生得很特别，有的根可伸展出30米，在短期内可以迅速吸收足够水分以备后用。干旱时，它的根自动枯萎、脱落，以减少水分损耗。

　　仙人掌科种类繁多，如昙花、火龙果、令箭荷花、蟹爪兰等。只不过它们不是同一属的。

仙人掌果实

仙人掌果实酸甜可食，呈倒卵球形，顶端是凹陷的，种子多数呈扁圆形。

仙人掌花纵切面

仙人掌花鲜艳无比，有黄色的、红色的、紫色的等。

火龙果果实

火龙果是仙人掌科量天尺属植物，它的花十分芳香，果实美味可口，果肉有白色的和红色的，种子很像芝麻。

在墨西哥，人们有许多种烹调仙人掌的方法，蒸、炸、煮、炒、煎、炖、烧烤等。当然，人们首先会除掉仙人掌的刺哟。

无数的脚印

淹没在数不清的黄沙之中，

那变幻了千年的沧桑，

此刻，在太阳的照射下，

让血液与魂灵，

从那长刺的躯体中重生。

芍药

毛茛科芍药属

别　称：殿春、将离、离草、婪尾春、没骨花、红药

种　类：多年生草本植物

花　期：5—6月

高　度：60～80厘米

　　芍药是中国十大名花之一，被誉为"花仙"和"花相"。芍药的绿色花盘长在花茎顶端，形状像浅浅的杯子，把花瓣托起来。芍药花的花色经过人们长期的改良，有白、粉、红、紫、黄、黑、复色等多种颜色。

　　芍药是经典文学巨著《红楼梦》中一种重要的花，只见"湘云卧于山石僻处一个石凳子上，业经香梦沉酣，四面芍药花飞了一身，满头脸衣襟上皆是红香散乱……"而"湘云醉卧"也成了最经典、最美丽的画面之一。

芍药花

芍药花色丰富，花径10~30厘米，分单瓣或重瓣，花瓣多者可达上百枚。

蓇葖果

芍药的蓇葖果呈纺锤形、椭圆形、瓶形等，种子为黑色的或黑褐色的。

花蕾

芍药的花蕾形状繁多，有圆桃、平圆桃、尖桃、扁桃等。

"五月芍药花神"指的是大诗人苏轼，他曾赞美"扬州芍药为天下之冠"。他担任扬州太守时，发现官方每年立夏时节举办的"万花会"有损芍药，并滋扰百姓，便下令废除了"万花会"。

芍药采用分株繁殖，一般在10月上旬左右。如果在"立春"时分株，则会伤害芍药的根系和萌芽，影响芍药开花，因此有"春栽芍药不开花"一说。

芍药

[唐]韩愈

浩态狂香昔未逢,
红灯烁烁绿盘笼。
觉来独对情惊恐,
身在仙宫第几重。

马蹄莲

天南星科马蹄莲属

别　称:	慈姑花、水芋、海芋百合、花芋
种　类:	多年生粗壮草本植物
花　期:	11月—来年6月
高　度:	40～70厘米

马蹄莲生长在温暖、湿润且阳光充足的环境中，喜欢松软肥沃、腐殖质丰富的黏性土壤。

马蹄莲植株美观，叶子十分肥厚，像心状箭形或箭形，花期比较长，可以室内盆栽观赏，也可用来切花。不过，它的花是有毒的，千万不可食用。它的"朋友们"，如滴水观音、白鹤芋、红掌、紫芋、野芋等，都是非常不错的观赏植物。

白鹤芋

白鹤芋春夏时节开花，花葶直立，佛焰苞直立向上，花呈白色或微绿色。

彩色马蹄莲

彩色马蹄莲，是除白花马蹄莲外其他种及杂交品种的统称。它的苞片鲜艳，色泽多变，常见的花色有紫色、黄色、粉红色、红色等，是优良的观赏花卉。

马蹄莲清雅而美丽，在欧美国家，马蹄莲属于新娘捧花的常用花卉，而送年轻朋友时要送双数哟。

马蹄莲花语：忠贞不渝、永结同心。

别　称：子午莲、白睡莲、茈碧莲
种　类：多年生水生草本植物
花　期：5—9月
高　度：20～80厘米

　　睡莲的花瓣有多种类型，可分单瓣、多瓣和重瓣，花色有红、粉红、蓝、紫、白等颜色，从而构成了绚丽的花态。

　　睡莲分白睡莲、黄睡莲、红睡莲和印度蓝睡莲等品种。睡莲每天的生活状态很规律，像个"乖宝宝"：清晨八九点迎着朝阳，渐渐苏醒，到中午时分开出最美的花儿，傍晚夕阳西下，它收起花瓣、进入梦乡。不过，埃及白睡莲是晚上开花的植物，晚上八点左右开放，第二天上午十一点左右闭合。

浆果横切面

睡莲浆果的横切面看起来十
分像柠檬、柚子的横切面。

睡莲浆果

睡莲的浆果在水下面成熟，里面
有海绵质。它的种子很坚硬，外
面包裹着胶质物，有假种皮。

荷花

荷花比睡莲要高许多，花瓣也要
大，分观赏和食用两大类。有"七
月荷花神"之称的周敦颐在他的
《爱莲说》中赞扬荷花："出淤泥
而不染，濯清涟而不妖，中通外
直，不蔓不枝，香远益清，亭亭净
植，可远观而不可亵玩焉。"

埃及蓝睡莲

在古埃及神话中，太阳是由荷
花绽放诞生的，睡莲被奉为
"神圣之花"，并成为寺庙廊
柱上的图腾。古埃及人把蓝睡
莲视为生命的象征，把白睡莲
看作"尼罗河的新娘"。

小池

[宋]杨万里

泉眼无声惜细流，
树阴照水爱晴柔。
小荷才露尖尖角，
早有蜻蜓立上头。

蔷薇

蔷薇科蔷薇属

别　称：墙蘼、刺蘼、刺莓苔
种　类：多年生木本植物
花　期：4—9月
高　度：2～5米

蔷薇气味芳香，花色鲜艳，是十分受人们喜欢的观赏花。随便路过一家庭院，也许你就能瞧见一身绿衣裳的它，

蔓延着爬出篱笆外。仔细看，蔷薇的叶面有稀疏柔毛，叶背密生白色柔毛，凭这些特征可以判断蔷薇比较耐寒。可惜，蔷薇虽然耐寒，在寒冷的日子里并不开花。

蔷薇花6~7朵成一簇，开在花枝顶端，有白色的、黄色的、红色的、粉红色的等品种。蔷薇花有单瓣的，也有重瓣的。

花蕾

蔷薇花的花梗长1.5~2.5厘米，有时基部有篦齿状的小苞片。

花朵

蔷薇花较小，直径约3厘米。

浆果

蔷薇的果实为圆球体，红褐色或紫褐色，有光泽。

残花

每朵蔷薇花能开10天左右，花谢后萼片也会脱落。

明朝王象晋在《群芳谱》中，把蔷薇属植物分为蔷薇、玫瑰、刺蘪、月季和木香等5类，又载："（蔷薇）开时连春接夏，清馥可人，结屏甚佳。别有野蔷薇，号野客、雪白、粉红，香更郁烈。"如今，蔷薇、月季和玫瑰被称为"蔷薇三姐妹"。

秋风吹起来，

蔷薇花凋落去，

连萼片也消失得干干净净。

它在枝头余一抹香，

深情地说："望君珍重，

明年春天，草长莺飞，

我们再相会！"

杜鹃

杜鹃花科杜鹃属

别	称：	映山红、山石榴、唐杜娟
种	类：	多年生木本植物
花	期：	4—5月
高	度：	200～500厘米

　　在乡村，大家习惯把杜鹃花叫作映山红、清明花。清明时节，你看那漫山遍野，千千万万朵，花冠像漏斗，颜色有深红、淡红、紫、白等，好似仙霞落入凡尘的花儿，那就是杜鹃花了。杜鹃花被称为"花中西施"，因为传说西施怎样化妆都好看，而杜鹃花无论哪种都美艳无比。

　　杜鹃花是常绿或半常绿灌木，品种繁多，叫法各不相同。它们的花儿千姿百态，株高差别也很大，如在云南腾冲的高黎贡山，有一种特殊的杜鹃花，能长到十层楼那么高。

蒴果横切面

花朵纵切面

杜鹃花花冠呈阔漏斗形，呈玫瑰色、鲜红色或暗红色。

蒴果

杜鹃的蒴果呈卵球形，长达1厘米，果期6—8月。

相传，远古时蜀国有个国王叫杜宇，他很爱自己的百姓。他死后化成了子规鸟，又叫杜鹃鸟。每到春季时，它就会提醒百姓"快快布谷！快快布谷！"它的嘴巴啼得流出了血，鲜血撒在地上，染红了漫山的杜鹃花。

漫山遍野的杜鹃花还被认为是抗战时期千千万万烈士的鲜血染红的，它们记载着那段悲壮的抗战历史。

杜鹃花

[宋]杨万里

何须名苑看春风，一路山花不负侬。

日日锦江呈锦样，清溪倒照映山红。

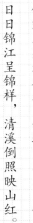

迷迭香

唇形科迷迭香属

别　称：海洋之露、艾菊
种　类：多年生亚灌木植物
花　期：11月
高　度：150～200厘米

浓郁扑鼻、有点独特的松木香，这就是迷迭香的香味。在香料植物当中，迷迭香也许不是最香的，但是总能令闻过的人无法忘记。

迷迭香的故乡在地中海沿岸，曾经遍及那里的土地。欧洲航海时代，据说船在海上迷失方向时，水手们凭借迷迭香浓郁的香气，就能找到陆地的位置，因此它被称为"海上灯塔"。

迷迭香可以提炼芳香油，制成高级化妆水、护肤油以及香水。在西餐中，煎牛排、炸土豆和烤肉时，可以加入迷迭香调味。此外，它还可入药，缓解失眠、头痛、心悸等多种症状。

坚果纵切面

种子
迷迭香的种子成
熟后为黑色的。

花朵
迷迭香的花朵近无梗，对
生，少数聚集在短枝的顶端
组成总状花序。

迷迭香的香味使人精神振奋，长
期接触迷迭香还可以提高记忆力，因
此我们可以在室内种养一盆。

花柱
花柱细长，远超过雄蕊。

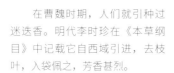

在曹魏时期，人们就引种过
迷迭香。明代李时珍在《本草纲
目》中记载它自西域引进，去枝
叶，入袋佩之，芳香甚烈。

迷迭香赋

[东汉]应玚

振纤枝之翠粲，

动彩叶之菲菲，

舒芳香之酷烈，

乘清风以徘徊。

秋水仙

百合科秋水仙属

别　称：草地番红花
种　类：多年生草本植物
花　期：8—10月
高　度：15～20厘米

　　秋水仙是一种美丽的球茎花卉，它的花好像漏斗，花色一般是粉红色的，粉嫩嫩，水灵灵，给人一种清新高贵的感觉，令人怜爱。最为有趣的是它的花朵直接从地下茎抽出，等到叶子一片片凋零之后，才会徐徐盛开。

　　秋水仙喜欢疏松肥沃且排水性优良的沙质土壤，也可以像水仙花一样养在水中，不过它们可是完全不同的两种植物哟。秋水仙含有秋水仙碱，这是一种有毒的生物碱，所以千万不要误食哟。

花苞

蒴果及种子

蒴果横切面

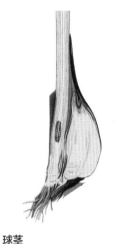

球茎

秋水仙的球茎呈卵形，很像洋葱。冬季将其挖出来后储藏在室内，春天可进行栽培。

秋水仙含有秋水仙碱，口服6毫克（大约是一滴水的十分之一）就能要人性命。

　　小寒是二十四节气中气温最低的节气，预示着一年中最寒冷的日子到来了。这时候，室外盛开的花卉除了蜡梅花，室内就只有中国水仙啦。中国水仙在唐代时引自意大利，距今已有一千多年的栽培历史。黄庭坚曾写诗赞美水仙"含香体素欲倾城，山矾是弟梅是兄。"

秋水仙花语：单纯。

捕虫堇

狸藻科捕虫堇属

别	称：高山捕虫堇
种	类：多年生草本植物
花	期：5—7月
高	度：3～16厘米

捕虫堇是一种黏液型的食虫植物，可以捕食蚊子、蚂蚁等小型昆虫，像苍蝇这样"大力气"的昆虫往往比较容易逃走。不过，它的叶片边缘向上卷起，这样的凹形结构有助于防止猎物逃掉。

捕虫堇的种类繁多，分布范围较广，大都生活在高山潮湿的岩壁上，部分生长在湿地沼泽中。捕虫堇的花十分艳丽，有紫色的、蓝色的、白色的、粉红色的、黄色的等，深受人们的喜爱。捕虫堇的繁殖方式很多，如用叶子、根茎、种子等均可繁殖。

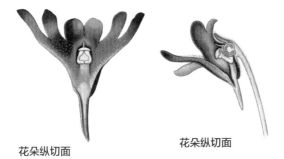

花朵纵切面

花朵纵切面

捕虫堇的花单生，花冠长9~20毫米，下唇3浅裂，上唇2浅裂。

子房纵切面

子房
捕虫堇的子房呈球形，直径约1.5毫米，花柱极短。

花蕊
捕虫堇的雄蕊和雌蕊无毛；花丝呈线形，弯曲，长1.4~1.6毫米。

蒴果
蒴果呈卵球形至椭圆球形，长5~7毫米，宽2.5~5毫米。

种子
捕虫堇的种子呈长椭圆形，长0.6~0.8毫米，种皮无毛，有网状突起，网格纵向延长。

捕虫堇捕虫过程

捕虫堇的叶片、花茎和花瓣背面有短短的腺毛，这些腺毛顶端能分泌黏液，并且能散发出一种诱惑猎物的气味。当猎物被黏液黏住时，叶子能够卷曲并分泌消化酶，直到猎物剩下一些残渣。

猪笼草

猪笼草的捕虫笼像个猪笼，笼口有个盖子。当昆虫被香味吸引，掉到笼中时，它的盖子就会盖上，里面分泌的液体能把昆虫淹死，并分解虫体的营养物质，逐渐消化吸收。

捕蝇草

捕蝇草的捕虫夹很像贝壳，能分泌蜜汁，边缘有一圈睫毛般的刺毛。当小虫闯入时，捕虫夹会迅速闭合，那圈刺毛就像牢笼一样，被抓的小虫只好沦为捕蝇草的食物啦。

我可是无肉不欢哟！

——捕虫堇名言

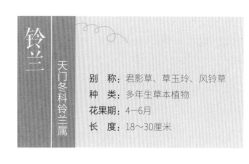

铃兰

天门冬科铃兰属

别　称：君影草、草玉玲、风铃草
种　类：多年生草本植物
花果期：4—6月
长　度：18～30厘米

　　铃兰植株小巧，形态优雅，它的叶片又长又宽，色泽翠绿；花乳白色，像一串串小铃铛。入秋时，铃兰结出诱人的红色浆果，用来装点室内是不错的选择。除了观赏，它还能净化空气，抑制空气中的多种有害细菌繁殖。花开时节，铃兰散发香气，使屋内幽香阵阵。这样的环境，使人心情轻松，容易入睡，不易疲劳。

　　铃兰幽雅清丽，芳香怡人，常见的种类有大花铃兰、红花铃兰、重瓣铃兰、斑叶玲兰等。

花朵

铃兰的花朵好像一个个小钟，低垂着，散发着清新的香气。

花朵纵切面

花柱

铃兰的花柱长约2.5~3毫米。

浆果

铃兰的浆果直径6~12毫米，成熟后为红色的，十分好看。

种子

铃兰的种子直径约3毫米，表面有细网纹。

浆果横切面

　　中国人称铃兰为"君影草"，孔子曾道"芝兰生于深谷，不以无人而不芳；君子修道立德，不为困穷而改节。"所以，铃兰也被认为是花中的谦谦君子。

法国人钟爱铃兰，
把每年5月1日定为"铃兰节"；
英国人青睐铃兰，
称它为"淑女的眼泪"。

仙客来

报春花科仙客来属

别　称：萝卜海棠、兔耳花、一品
　　　　冠、簧火花
种　类：多年生草本植物
花　期：10月—来年5月
高　度：20～40厘米

仙客来的块茎呈扁球形，大小如蒜头，裹着一层棕褐色的皮；叶片从块茎顶部生出，呈心形，边缘带细齿，叶面有白色或灰色的晕斑。花呢？仙客来的花有玫瑰红色的，也有白色的，整朵花从花茎前端往下垂，花瓣却往上生长——仔细瞧，是不是有点像飞天而下的小仙女？

仙客来花形奇特美丽，往客厅中摆放一盆，能给家里带来喜气。人如果每天都心情喜悦，也许贵客、好运就会跟着来了呢。

花朵纵切面

蒴果

仙客来的蒴果呈球形，待果实发黄变软、顶部微微裂开时，就要连同花梗摘下，放在干燥通风处晾干后即可获得种子。

展开后的花瓣

仙客来的花冠呈白色或玫瑰红色，喉部为深紫色；花萼通常分裂到基部，裂片为三角形或长圆状三角形。

皱边型仙客来

种子（上）及纵切面（下）

仙客来的种子较大，千粒重10克左右，一般5月份成熟。

平瓣型仙客来

洛可可型仙客来

大花型仙客来

036

仙客来花语：内向、天真无邪、被爱的高雅和迎宾。

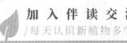

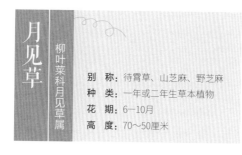

月见草

柳叶菜科月见草属

别　称：	待霄草、山芝麻、野芝麻
种　类：	一年或二年生草本植物
花　期：	6—10月
高　度：	70～50厘米

　　传说，数千年之前的古印第安人会使用一种药物，这种药物是一种美丽的花朵。该花只在晚上开放，每当傍晚来临时，花朵就会慢慢展开，并散发出阵阵幽香，使人神清气爽。但天亮时，花儿就会凋谢。人们认为这种花是为了让月亮来欣赏的，所以就叫它月见草啦。

　　月见草适合在公园、庭院的路边、墙下栽培观赏。花朵凋谢后，就会长出蒴果。月见草的花可以提炼芳香油，种子不仅可以榨油食用，还可以用作药材，治疗风湿病，筋骨疼痛等症。

蒴果横切面

月见草的种子很小，
千粒重0.3—0.5克，
在蒴果中呈水平状排
列，呈暗褐色。

花朵

月见草的花朵呈黄色，
夜间开放时有清香。

蒴果

月见草的蒴果呈锥状圆
柱形，向上变狭，底端
的蒴果有三四个。蒴果
变黄开裂时，就需要收
割啦。

月见草花不仅可以提炼芳香油，还
可以晒干后制成花茶。

粉花月见草

粉花月见草的花瓣粉红至紫红色，植
株高大，适宜制作花镜或绿篱。花期
为4—11月。

一颗自由奔放的心，

无牵无挂，

沉醉，就在那一刹那！

别　称：蓝瓶花、蓝壶花、串铃
花、葡萄百合
种　类：多年生草本植物
花　期：3—5月
高　度：15～40厘米

葡萄风信子

百合科蓝壶花属

　　葡萄风信子的故乡在欧洲。人们栽种植物，大多为了实用，可几乎所有人养葡萄风信子，都为了观赏。为什么呀？因为它好看呗。葡萄风信子长着球形鳞茎；叶呈线形，暗绿色，边缘向内卷；花儿密生在花茎上，像一个个垂下来的小瓶子，有青紫、淡蓝、白色等品种。

　　葡萄风信子的鳞茎分生力强大，而且它能够依靠种子传播，所以容易长成片。假如栽种的是蓝色品种，只需要一年时间，远远望去，那些蓝色的"小葡萄"就挤满整块花田，别提多美了。

花朵纵切面

花朵

葡萄风信子的小花多数密生而下垂，花冠看起来像一个个小坛子。

花序

蒴果及横切面

葡萄风信子的蒴果在5月中下旬成熟，播种前需对种子进行浸泡。

鳞茎

葡萄风信子的鳞茎可以在秋冬时节栽培养殖。

    在希腊神话中，雅辛托斯是一个帅气的少年，却不幸被阿波罗投掷的铁饼误伤而死。他的血流在大地上，长出了一种美丽的花，这种花就是风信子。

    葡萄风信子花小，圆鼓鼓地垂下来，而风信子花大，一朵朵绽放着；葡萄风信子的花越开越好看，风信子开花一年不如一年。

风信子

风信子花语：胜利、竞技、喜悦、爱意、幸福、浓情、倾慕、顽固、生命、得意、永远的怀念。

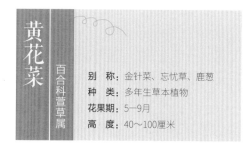

黄花菜

百合科萱草属

别　称：金针菜、忘忧草、鹿葱
种　类：多年生草本植物
花果期：5—9月
高　度：40～100厘米

黄花菜的叶子又长又宽，嫩绿色，叶背有龙骨状的突起；花葶长短不一，一般稍长于叶子，有分枝；花朵呈漏斗形，橘红色至橘黄色，没有香味，早上盛开，晚上凋谢。

在城市花园中，萱草很常见，它不同于黄花菜。黄花菜只是萱草的一个种类。萱草含有秋水仙碱，千万不要采摘萱草花食用，人食后会中毒。而新鲜的黄花菜也含有少量秋水仙碱，只有经过加工处理之后才可以吃。如果不小心吃了，秋水仙碱会刺激肠胃和呼吸系统，还会使人口干、头晕、腹泻等。

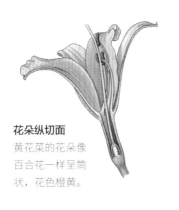

花朵纵切面

黄花菜的花朵像百合花一样呈筒状，花色橙黄。

蒴果横切面

蒴果纵切面

黄花菜的蒴果呈长圆形。

②通过冻干法、蒸煮法等方法，加工成干菜。

①采摘黄花菜时，要选择含苞待放的花蕾。

③将干黄花菜用温水浸泡，洗干净后，就可以炒菜啦。

春秋时，周桓王召集陈国、卫国等诸侯国的军队讨伐郑国。郑伯领兵防御并大胜周桓王。卫国的一位士兵战死了，他的妻子伤心欲绝，吟道："焉得谖草，言树之背？愿言思伯，使我心痗。"这里的谖草便是萱草，意思是说："我在哪里能得到忘忧的萱草啊，好让我种在北堂的阶下呢？我一想起夫君啊，心就痛得很！"

萱草

[宋] 陈师道

唤作忘忧草，相看万事休。

若教花有语，郤解使人愁。

唐菖蒲

鸢尾科唐菖蒲属

别　称：剑兰、菖兰、扁竹莲、十
　　　　样锦、十三太保
种　类：多年生草本植物
花　期：7—9月
长　度：100～170厘米

　　唐菖蒲花茎直立，下部生有数枚互生的叶，花冠筒呈膨大的漏斗形，花色有红、黄、紫、白等单色或复色。

　　唐菖蒲的原种来自南非好望角，南欧、西亚等地中海地区也有分布。在17世纪初，贵族太太们就开始采集野生的唐菖蒲。1807年，英国传教士威廉·赫伯特用11种野生品种杂交后，得到了3种新品，这才使唐菖蒲逐步传到欧美各国。

黄色唐菖蒲

橙色唐菖蒲

紫色唐菖蒲

　　唐菖蒲是重要的鲜切花，可做花束、瓶插、花篮等，花色十分丰富，大致可分为10个色系，如紫色系烂漫妩媚，黄色系高洁优雅。唐菖蒲的果期在8—10月，成熟时蒴果室背开裂，种子扁而有翅。

　　唐菖蒲与康乃馨、扶郎花、切花月季并称为"世界四大切花"。在素有"百花王国""风车之国"之称的荷兰，唐菖蒲是产量仅次于郁金香的花卉。

6

2020 | JUN
（肖鼠）

庚子年

HAPPY EVERY DAY.

桐花馥，菌苔为莲。
茉莉来宾，凌霄结。
凤仙楼子窟，鸡冠环户。

日	一	二	三	四	五	六
	1 儿童节	2 十一	3 十二	4 十三	5 芒种 环境日	6 十五
7 十六	8 十七	9 十八	10 十九	11 二十	12 廿一	13 十五
14 廿三	15 廿四	16 廿五	17 廿六	18 廿七	19 廿八	20 二十九
21 夏至 父亲节	22 初二	23 初三	24 初四	25 端午节	26 初六	27 初七
28 初八	29 初九	30 初十				

名 称：　　　　　别 称：　　　　　科 属：

花 期：　　　　　果 期：　　　　　高 度：

采 集 日 期：　　　　　　　　　　　签 名

唐菖蒲的花语：怀念之情、爱恋、用心、长寿、康宁和福禄。

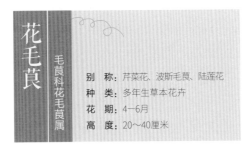

花毛茛

毛茛科花毛茛属

别　称：芹菜花、波斯毛茛、陆莲花
种　类：多年生草本花卉
花　期：4—6月
高　度：20～40厘米

　　花毛茛的花色十分丰富，好像除了蓝色之外，其他颜色的花儿都有；花瓣多为重瓣或半重瓣。它的植株姿态玲珑秀美，花型似牡丹，但略小，直径一般为8～10厘米大小；花态优雅动人，常用来做切花、盆栽等，深受人们喜爱。

　　花毛茛是用来纪念修士圣安索尼的花。圣安索尼生活在13世纪，是当时法兰西斯科教会的修士，他十分受信徒的欢迎。因而，花毛茛被赋予了"受欢迎"的寓意。

①栽种前，先将花毛茛块茎在清水中浸泡一段时间。

②将浸泡后的块茎埋在花盆中。

③用水浇透土壤。

④注意土壤湿度，及时补水，保证其顺利发芽。

花毛茛不耐严寒，更怕酷暑，花期集中在清明和谷雨前后，部分品种立夏之后就会进入休眠状态。

花毛茛花语：受欢迎。

百合花

百合科百合属

別　称：番韭、山丹、倒仙、夜合花
种　类：多年生草本植物
花　期：6—7月
高　度：70～150厘米

百合遍布于神州大地，是一种从古至今都受人喜爱的世界名花。除了欣赏和药用价值外，百合的食用价值也很高。早在公元4世纪时，人们已经发现百合的食用和药用价值。到了南北朝时期，梁宣帝认为百合很有观赏价值，并赋诗赞道："接叶有多种，开花无异色。含露或低垂，从风时偃抑。甘菊愧仙方，从兰谢芳馥。"百合花花姿雅致，茎干亭亭玉立，更因为它的鳞茎由许多白色鳞片层环抱而成，很像荷花，所以有"百年好合"的寓意。

百合鳞茎

百合老鳞茎的茎轴上能长出多个新生的小鳞茎，经过培养后可留作种用。百合的鳞片也能长成小鳞茎。

百合的鳞茎含有丰富的淀粉、蛋白质、B族维生素、维生素C，以及钙、磷、铁等微量元素，既可鲜食又可干用，如可做百合粥、百合汤、炒百合等。

卷丹百合

卷丹百合的花朵较大，色彩鲜艳，花被呈橘红色，被片背向翻卷，上面有褐色的斑点，是我国著名的庭园花卉。

皇冠贝母

皇冠贝母也叫花冠贝母，原产于印度、阿富汗及伊朗地区，是百合科贝母属的花卉。它的花型较大，像钟一样俯垂着。花色有黄、橙红、大红等。

北窗偶题

[宋]陆游

尔丛香百合，一架粉长春。

堪笑龟堂老，欢然不记贫。

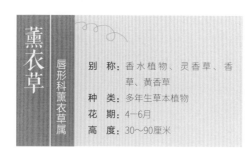

薰衣草

唇形科薰衣草属

别	称：香水植物、灵香草、香草、黄香草
种	类：多年生草本植物
花	期：4—6月
高	度：30～90厘米

在法国的普罗旺斯、日本的北海道富良野、中国新疆的伊犁河谷，遍地是薰衣草的身影。夏天，这些地方的薰衣草连着天际，给大地盖上了一层蓝紫色的花毯。来来往往的游客，无不惊叹它们的美丽非凡。不过，人们栽种薰衣草，不仅仅因为好看，更因为它功效多。

薰衣草被誉为"宁静的香水植物""香料之王""芳香药草之后"。它的花穗中蕴含芳香挥发油，不仅可提炼成薰衣草油，而且可以制作精油、香包、香枕、面膜等用品。除此之外，干燥的花蕾可以冲泡成薰衣草茶，具有助消化、预防感冒等功效。

花朵
薰衣草的花色优美典雅，
可用来插花或制作干花。

花朵纵切面

穗状花序

种子、横切面及纵切面
薰衣草的种子可以用来播种，
也可以提炼芳香油。

精油
薰衣草全株有略带木头甜味的清淡香气，
花朵中含有芳香油，鲜花含油率为0.8%，
干花含油率在1.5%左右。

　　薰衣草是一种名贵且重要的天然香料植物，有蓝紫、蓝、粉红、白等花色，
最常见的是蓝紫色薰衣草。中国新疆伊犁河谷是世界薰衣草三大种植基地之一。

薰衣草的英文名是"lavender"，

来源于拉丁文"lavo"，

是"洗"的意思。

在古罗马，

有钱人洗澡的时候，

往水中添加薰衣草，便为它取名为"洗"。

别　称：丝石竹、锥花丝石竹、霞
　　　　草、锥花霞草
种　类：多年生草本植物
花　期：5—6月
高　度：30～80厘米

满天星

石竹科石头花属

　　满天星的花儿只有豆丁儿般大小，花开五瓣，颜色洁白或淡红，看起来既袖珍又可爱。初夏时节，伴随淡淡幽香，无数的满天星花在枝头盛开，如同夜空中闪烁的繁星，真是漂亮极了。因为远远望去，它的花如同清晨的云霞或傍晚的烟霞，所以满天星又被叫作"霞草"。

　　满天星是世界著名的十大切花之一，是插花的上等花材。我国普遍栽种的满天星有5种，分别叫作仙女、完美、钻石、火烈鸟和红海洋。这些种类各具特色，深受园艺市场的喜爱。

蒴果

满天星的蒴果呈球形，稍长
于宿存萼，有4瓣裂。

花朵

满天星的花朵非常小，但数
量很多。花梗纤细，长2~6
毫米。

满天星清丽高雅，小花多如点
点繁星，可以与各种不同类型的花
朵任意搭配。

满天星与红玫瑰搭配送人，
表示"情有独钟"；与康乃馨搭
配，表示"慈爱与温馨"；与
剑兰搭配，表示"祝你宏图大
展"；与勿忘我搭配，表示"友
谊永存"。

一蓬玲珑细致,

又洁白似雪的小花,

开在微风里,

幽香四逸,

笑成满天星。

牵牛

旋花科牵牛属

别　称： 朝颜、碗公花、喇叭花
种　类： 一年生草本植物
花　期： 6—10月
高　度： 100～300厘米

　　牵牛是一种很勤劳的花，每当公鸡刚刚叫过头遍，缠绕在篱笆架上的花朵，就徐徐地绽放开来，像一个个小喇叭迎接着升起的朝阳。

　　牵牛的品种很多，花色有蓝色、绯红、桃红、紫色等，还有复色的，非常好看，是最常见的观赏植物。

　　春天到了，牵牛吐出了嫩叶，一天天长大了。立夏时分，那小花骨朵就迫不及待地开放啦。正因为牵牛生长快，开花繁茂，所以它不仅适合花架、棚架、栅栏等垂直绿化，而且可作为阳台绿化植物进行盆栽。

①牵牛的花大且薄，能储存较多的水分，便于开放。

②凌晨的时候，露水较重，阳光强度较弱，是牵牛花盛开的最佳时候。如果牵牛生长在阴凉处，开花状态就会持久些。

④牵牛花凋谢后，结出来的蒴果近球形。果实期8—11月。

③正午时分，强烈的阳光会蒸发掉它体内的水分，花儿便会闭合。

⑤牵牛的种子呈卵状三棱形，黑褐色或米黄色。其种子除繁殖后代外，还有药用价值。

圆叶牵牛

圆叶牵牛的叶子呈圆心形或宽卵状心形，花冠呈漏斗状，颜色有紫红色、粉色或白色等。

红薯花

红薯属于旋花科番薯属一年生草本植物。红薯的花像喇叭或漏斗，颜色有红色、白色、淡紫色或紫色等。

矮牵牛

矮牵牛和牵牛并不是一个科属，它是茄科碧冬茄属多年生草本植物——碧冬茄的别称。它的花呈漏斗状，和牵牛花很相似，有白色、紫色或各种红色，非常好看。

一	二	三	四	五	六	日
		1 建党节	2 十二	3 十三	4 十四	
5 十五	6 小暑	7 十七	8 十八	9 十九	10 二十	11 廿一
12 廿二	13 廿三	14 廿四	15 十五	16 廿六	17 廿七	18 廿八
19 廿九	20 三十	21 六月	22 大暑	23 初三	24 初四	25 廿五
26 初六	27 初七	28 初八	29 初九	30 初十	31 十一	

名 称：　　　　　　别 称：　　　　　　科 属：

花 期：　　　　　　果 期：　　　　　　高 度：

采 集 日 期：　　　　　　　　　　签 名

牵牛花

[宋]陈宗远

绿蔓如藤不用栽，淡青花绕竹篱开。
披衣向晓还堪爱，忽见晴蜓带露来。

加入伴读交流群
入群指南详见本书版权页

/每天认识新植物
多学多听涨知识/

大丽花

菊科大丽花属

别　称：大丽菊、地瓜花、天竺牡
　　　　丹、大理花
种　类：多年生草本植物
花　期：6—12月
高　度：50～150厘米

大丽花原产于墨西哥，花朵硕大，花期比较长，花色丰富，有红、橙、黄、白、淡红、深紫、洒金等颜色，最小的花朵直径有酒盅口大小，最大的直径可达30多厘米。墨西哥人认为它们大方、富丽，因此尊其为国花。

霜降是秋天的最后一个节气，气温骤降，空气中的水蒸气会形成霜花。此时，菊花傲霜怒放，而大丽花进入凋谢期。等种子成熟后，采收可在来年2—3月间播种。相对于分根繁殖和扦插繁殖，种子繁殖的大丽花开花结果慢，花期较晚。

花蕾

大丽花含苞待放时，应掐掉侧蕾，这样主蕾才会开得更美。

花朵

大丽花的花朵由中间管状花和外围舌状花组成，花的颜色十分丰富。

大丽花块茎

大丽花根部膨大的块茎里面贮藏着大量的养料，可以用来进行无性繁殖。

土豆块茎、红薯块茎和芋头块茎

除大丽花外，土豆、红薯、芋头等也可以通过块茎进行无性繁殖。

大丽花喜欢半阴、凉爽的环境，适宜栽培在土壤疏松，排水良好的肥沃沙质土壤中。

大丽花花语：大吉大利、大喜之兆。

飞燕草

毛茛科飞燕草属

别　称：大花飞燕草、鸽子花、百部草、千鸟花
种　类：一年或二年生草本植物
花　期：5—7月
长　度：30～65厘米

　　飞燕草花瓣5枚，上面1枚花瓣长成花距，其余4枚展开，形状像燕子张开的翅膀和尾羽；花开20～30朵，有白、粉、蓝、紫等花色，密布在直立花穗上，看起来十分优雅华贵。因为英国人喜爱看起来贵气的植物，所以飞燕草在英国特别受欢迎。飞燕草的故乡在寒冷的欧洲。飞燕草的叶子呈狭线形，植株上有短柔毛，这些是寒冷地区植物的特征。因为产自寒冷地区，所以飞燕草怕酷暑，忌水涝。如果养它，炎热时就得给它降温，而且不能让它长时间泡在水里。

种子
飞燕草的种子长约2毫米。

蓇葖果纵切面

花朵
飞燕草的花朵为顶生总
状花序或穗状花序。

蓇葖果
飞燕草的蓇葖果长达1.8厘
米，密被短绒毛。

　　飞燕草虽然美，却是有毒植物，千万不能吃。浸泡它的茎、叶，得到的汁液
能用来杀虫，是天然无污染的除虫剂。

蓝色飞燕草代表忧郁；

紫色飞燕草代表倾慕、柔顺；

粉红色飞燕草看起来有诗意；

白色飞燕草看起来淡雅。

雪滴花

石蒜科雪滴花属

别　称：雪铃花、雪花水仙、待雪草
种　类：多年生草本植物
花　期：3—4月
高　度：10～30厘米

假如天气乍暖还寒，我们在草坪上散步，看到雪滴花开出朵朵小白花，这是一件多么令人高兴的事——雪滴花是早春盛开的花儿，它开花意味着春天到来，寒冬结束了。

在传说中，白雪覆盖着大地，没有任何鲜花，亚当和夏娃被上帝赶出了伊甸园。这时，一个天使翩然而至，捡起一片雪花，轻轻一吹，变作世界上第一朵雪滴花。天使把它递给夏娃，告诉她一定要怀抱希望。夏娃拿到雪滴花，心情好多了——有了希望，还有什么可怕的呢？

花瓣

雪滴花的花瓣是白色的，每个裂片都有绿点。

花朵纵切面

雪滴花的花朵清秀可爱，常常在积雪开始融化时绽放，有单瓣品种，也有重瓣品种。

花茎

雪滴花的花茎直立中空，一个花茎上只开一朵花。

蒴果横切面

蒴果

雪滴花的蒴果呈长圆柱形。

雪滴花一般早春萌发，花叶繁茂，不畏春寒，成片种植时非常美丽。当花期过后，鳞茎就在土壤中休眠，积蓄力量等待来年发芽。

雪滴花的花语：希望、纯白的爱、勇往直前的力量。

红花

别　称：红蓝花、草红花、刺红花
种　类：一年或二年生草本植物
花　期：5—7月
长　度：30～150厘米

菊科红花属

　　有人说红花的花语是快乐。你瞧它的花序上满是小细管，或橙红的，或红色的，一簇簇，像蹿起来的小火苗，看上去是不是很"快乐"？可再看它的叶儿，虽然青翠欲滴，叶缘却长满小刺，让人不敢靠近。看来，红花的"快乐"只属于自己，你要是想栽种它，就要少去打扰它。

　　红花有许多用处，如做染料、入药。用红花染的布料颜色鲜艳，古代人盛赞它是真正的红色。这在隋唐时期是非常流行的颜色。古人还会把红花素浸入淀粉中，做成胭脂。除此之外，红花具备极大的药用价值，可治疗多种疾病。

苞片

红花的总苞片有4层，边缘无针刺或有篦齿状针刺，针刺长达3毫米。

花朵纵切面

红花的小花为红色、橘红色，在枝茎顶端排列成伞房花序，并被层层苞片围绕着。

清洗红花

相传，张骞出使西域时带回了红花种子，因此他被花农供奉为"花神"，是为张三令公。明代宋应星的《天工开物》详细记述了有关红花的采摘及用途，"红花入夏即放绽，花下作求汇多，刺花出求上……若入染家用者，必以法成饼然后用，则黄汁净尽，而真红乃现也。"

种子

红花的种子可以用来榨油。如果果实在成熟阶段遇上阴雨天气，种子就会发芽，影响种子和油的产量。

红花籽能榨油，如红花调和油和红花色拉油可以用来做菜。干红花若泡茶喝，则可以提神健脑。

076

红花

[唐]李中

红花颜色掩千花，
任是猩猩血未加。
染出轻罗莫相贵，
古人崇俭诚奢华。

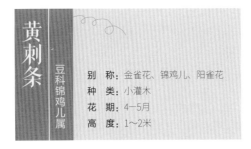

黄刺条

豆科锦鸡儿属

别　称：金雀花、锦鸡儿、阳雀花
种　类：小灌木
花　期：4—5月
高　度：1～2米

　　黄刺条的花朵尾端有点尖，两边有两片翘起的花瓣，像飞雀的双翅，色泽金黄，因此又名"金雀花"。黄刺条在春天盛开，到那时，花朵挤满枝头，像一只只金黄的雀儿，可爱极了。

　　黄刺条可以在干旱、贫瘠的土壤上生长，还能改善土质、抗强风。只要条件合适，两三年内，黄刺条能长成3米左右的丛生植株。初建设的园林要想短期内繁茂起来，显然需要这样的植物，所以黄刺条在园林中大受欢迎。

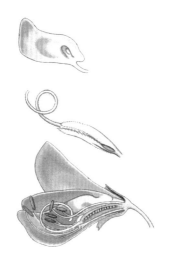

花蕊

黄刺条的子房线状披针形，花柱向上弯曲，稍短于子房。

花瓣、花朵纵切面

黄刺条生长在叶腋下，一般1~3朵，花长约2厘米。

黄刺条当年生的枝条淡黄褐色，隔年老枝灰绿色；叶细小，双数生长，带有银绿色光泽；花呈黄色或深黄色。

种子、荚果

黄刺条的荚果长20~25毫米，宽3~4毫米。种子是棕色的，呈肾形。

采摘新鲜的黄刺条花，焯水后，可以炒鸡蛋食用。

那些小雀儿，
从来不闹腾。
仲春到夏初，
待在绿园中。
一身黄衣裳，
微微朝你笑。

虎皮花

鸢尾科虎皮花属

别　称：老虎百合
种　类：多年生草本植物
花　期：6—7月
高　度：70～120厘米

　　你见过老虎吗？它的皮毛有着黑黄相间的花纹，能够起到保护的作用。在植物界，也有一位花中精灵，花朵上有深紫色的斑点，看起来很像虎皮，它就是虎皮花。

　　虎皮花原产于危地马拉及墨西哥，品种很多，花色变化也很大，多为淡紫、粉红、红、黄、白等颜色，在世界各地广为栽培，可用来布置花坛、装点绿地，也可以作为盆栽观赏。

花朵

虎皮花的花朵具深紫色的斑点，直径7~12厘米。

花柱

虎皮花的雄蕊花丝与花柱合生，长约6厘米；花柱长3.8~4厘米，子房呈长圆柱形。

红色虎皮花

粉白虎皮花

鳞茎

虎皮花有分球繁殖和播种繁殖两种繁殖方式。虎皮花的鳞茎需要在霜降前叶子枯黄时挖出来贮藏。在寒冷的地区，球茎挖出后应放于室内干燥的地方过冬。

虎皮花花语：让我照顾你、照料。

鸢尾

鸢尾科鸢尾属

别　称：蓝蝴蝶、紫蝴蝶、扁竹花
种　类：多年生草本植物
花　期：4—6月
高　度：20～50厘米

鸢尾因为花瓣的形状很像鸢的尾巴而被得名，英文名音译为"伊里斯"。而伊里斯是希腊神话中的彩虹女神，她是众神与人间的使者，负责把善良的人们通过彩虹送往天国，所以鸢尾又被赋予了这个美好的意义。

鸢尾还是法国的国花。相传，法兰克国的第一任国王克洛维在受洗礼时，上帝送给他一件礼物，就是鸢尾。而鸢尾在法国是光明和自由的象征。在古代埃及，鸢尾是力量与雄辩的象征；以色列人则认为黄色鸢尾是黄金的象征。

蓝色鸢尾花

蓝色鸢尾花的种类很多，像西班牙鸢尾、有髯鸢尾、小鸢尾、尼泊尔鸢尾等。

黑鸢尾花

黑鸢尾花花型很像兰花，神秘而高贵，是约旦哈希姆王国的国花。

小满是夏季的第二个节气，小麦的麦粒开始饱满啦。而此时，美丽的鸢尾开花了，南天竹、枣树也开花了。

那一袭紫魅般的身影，

恍若琴声中飞舞的惊鸿，

伴着缤纷的晚霞，

缠绕着你我的指尖。

9

庚子年（鼠鼠）

菊花

菊有英英，芙蓉冷，
汉官秋老，芰荷化为衣，
橙橘登，山药乳。

日	一	二	三	四	五	六
		1 十四	2 中元节	3 抗日战争胜利纪念日	4 十七	5 十八
6 十九	7 白露	8 廿一	9 廿二	10 教师节	11 十四	12 十五
13 廿六	14 廿七	15 廿八	16 廿九	17 八月	18 初二	19 廿三
20 初四	21 初五	22 秋分	23 初七	24 初八	25 初九	26 初十
27 十一	28 十二	29 十三	30 十四			

名 称：　　　　　　别 称：　　　　　　科 属：

花 期：　　　　　　果 期：　　　　　　高 度：

采 集 日 期：　　　　　　　　　　签 名

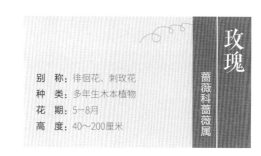

玫瑰

蔷薇科蔷薇属

别　称：徘徊花、刺玫花
种　类：多年生木本植物
花　期：5—8月
高　度：40～200厘米

玫瑰的枝条比较柔软，而且多密刺，每年的花期只有一次。正因为玫瑰多刺，所以中国把它看成刺客、侠客的象征；西方国家则把它当作严守秘密的象征。做客时看到主人家桌子上方画有玫瑰，客人就明白在这桌上所谈的一切均不可外传，而会议室及酒店餐厅刻有玫瑰花，也具有提醒保密的意思。

玫瑰芳香浓郁，适合种植在草坪、路旁等，盆栽也可以。除了观赏价值，玫瑰花还可食用，如做成鲜花饼、酿酒等，还可以提炼芳香油或入药。

玫瑰的花瓣有重瓣、半重瓣之
分，自然花色有紫红、白色、黄色
等，蓝色、紫色等玫瑰则是从成长
期开始染色，使得颜色均匀附着在
花瓣上而形成的。

花蕾

玫瑰花或单生于叶腋，
或数朵簇生，苞片呈卵
形，边缘有腺毛，外被
绒毛。

　　在西方文学中，玫瑰象征着美丽的爱情，在文
学作品中有着数不胜数的体现，如莎士比亚的十四
行诗、戏剧《第十二夜》，罗伯特·彭斯《一朵红红
的玫瑰》等。上图为经典童话《美女与野兽》中野
兽与玫瑰花的写照。

玫瑰花语：爱情、爱与美、勇敢。

千屈菜

千屈菜科千屈菜属

别　称：水枝柳、水柳、对叶莲
种　类：多年生草本植物
花　期：6—8月
高　度：30～100厘米

　　千屈菜耐寒、耐盐碱，在不好的环境中也能生长。它的花枝是穗状的，上面长满紫红色或淡紫色的小花，看起来很美。如果成片种植，花开时节，整块千屈菜的花地看上去像一块巨大的紫色花毯，等着你来走。不过它喜欢水，你要是养它，在生长期内最好保持盆中有水，这样它会长得更好。

　　千屈菜的嫩茎叶采摘回来，清洗干净，开水焯一下，凉拌、炒食、做汤、做馅均可，也可以晒干后，留待冬天食用。用它的全株入药，能治拉肚子，也能止外伤出血。

萼筒

千屈菜的萼筒长5~8毫米，有纵棱12条，稍被粗毛，裂片6个，三角形。

花朵展开图

千屈菜的雄蕊有12个，6长6短，伸出了萼筒之外。

蒴果

千屈菜的蒴果是扁圆形的。

花朵

千屈菜的花朵为小聚伞花序，簇生，花瓣6片，红紫色或淡紫色，花梗及总梗非常短，整个花枝看起来很像一个大形穗状花序。

野生的千屈菜一般长在河岸边或者沼泽中。它不是群生植物，通常掺杂在其他植物当中，单株孤独地生长。爱尔兰人给千屈菜取了个形象的名字，叫作"湖畔迷路的孩子"。

浇花小常识

雨水、雪水，花儿最爱喝，

河水、湖水、池塘水，花儿也喜欢，

若是自来水，放置一两天再使用。

只有水好，浇出的花儿才漂亮。

斑叶兰

兰科斑叶兰属

别　称：小叶青、麻叶青
种　类：多年生草本植物
花　期：8—10月
高　度：15～35厘米

　　"空谷幽兰"这个词语，通常用来比喻人的品格高雅，也告诉我们兰花长在深山幽谷之中。兰花怕曝晒，喜欢潮湿、空气流通的环境，在深山幽谷中一些水分充足的斜坡上或石缝里，容易找到它。不过，也不必那么麻烦，因为兰花也常常在人们的庭院中"做客"。

　　瞧，那是斑叶兰：椭圆形的叶片，深绿色；花茎直立，总状花序上大概有几朵至20朵近偏向一侧的小花，白色或带绿色、粉红色，半张着绽放，不完全打开，看起来有点害羞呢。

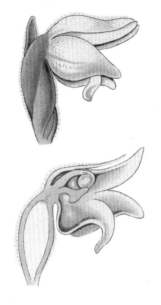

花朵、花朵纵切面

中国传统兰花形态优雅，花香宜人，深受人们的喜爱。孔子把兰花奉为花中君子；屈原佩戴兰花，表示洁身自好；鲁迅则一生养兰。

小斑叶兰的叶片呈卵形或卵状椭圆形，深绿色，上面有白色的斑纹，背面淡绿色，植株高10~25厘米。

10

2020 OCT

庚子年（鼠年）

HAPPY EVERY DAY

大作股，万事化力量，
百炼宝，户始伏，明日来，
花藏不见。

日	一	二	三	四	五	六
				1 国庆节 中秋节	2 十六	3 十七
4 十八	5 十九	6 二十	7 廿一	8 寒露	9 廿三	10 十七
11 廿五	12 廿六	13 廿七	14 廿八	15 廿九	16 三十	17 九月
18 初二	19 初三	20 初四	21 初五	22 初六	23 霜降	24 初八
25 重阳节	26 初十	27 十一	28 十二	29 十三	30 十四	31 十五

名 称：　　　　别 称：　　　　科 属：

花 期：　　　　果 期：　　　　高 度：

采 集 日 期：　　　　　　签 名

孔子说：

"芝兰生于深谷，

不以无人而不芳。"

兰花开在深山幽谷中，

你来或不来，它依然芳香。

金鱼草

玄参科金鱼草属

别	称：龙头花、狮子花、龙口花、洋彩雀
种	类：多年生草本植物
花	期：5—9月
高	度：20～150厘米

　　金鱼草的花冠基部长着一个膨大的囊，有上下唇，而且总是紧闭着。它的花蕊和蜜腺就长在紧闭的"嘴唇"中。大多数昆虫因为体型大，所以没办法钻进去，只有蜜蜂可以。于是，金鱼草选择了与蜜蜂交朋友。蜜蜂呢，它会答应金鱼草吗？答案是肯定的，因为蜜蜂特别喜欢吃金鱼草的花蜜，做梦都想呢！

　　当蜜蜂钻进金鱼草的花冠中吸食花蜜时，它会蹭到花药和柱头，这样它从一朵花飞到另一朵花，就能帮助金鱼草完成授粉了。

花朵上唇

金鱼草的花冠呈筒状唇形，基部膨大呈囊状，上唇直立，有2裂。

花朵下唇

下唇开展外曲，有3裂。

蒴果纵切面

蒴果

种子

金鱼草的蒴果呈卵形，长约15毫米。种子可以在春秋两季播种。

金鱼草的花色艳丽，非常适合观赏。常见的花色有淡红、深红、深黄、浅黄、黄橙、肉色、白色等。

金鱼草因为花冠像金鱼而得名。在普通话中，"鱼"和"余"同音，所以金鱼草寓意着有金有余，成了吉祥花卉。

金鱼草花语：清纯的心、活泼、繁荣、有金有余。

加 入 伴 读 交 流 群

每天认识新植物

多学多听涨知识

「入群指南详见本书版权页」

大花蕙兰

兰科兰属

别　称：虎头兰、喜姆比兰、蝉兰
种　类：多年生草本植物
花　期：2—3月
高　度：30～150厘米

　　大花蕙兰是由兰属中的大花附生种、小花垂生种以及一百多年的多代人工杂交育成的品种群。它的叶长碧绿，花姿粗犷，豪放美丽，是世界著名的"兰花新星"。它具有中国兰花的幽香典雅，又有西方兰花的丰富多彩，深受人们喜爱。

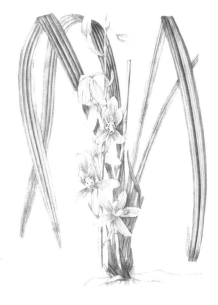

　　大花蕙兰的根系发达，根多为圆柱状，粗壮肥大。大都呈现灰白色。其皮层较为发达，有防止根系干燥的功能。大花蕙兰以植姿雄伟、花朵硕大、花香四溢而闻名，适合栽于室内花架、阳台、窗台、会议室等。

花朵

大花蕙兰的花直径6~10厘米，花色有白、黄、红、翠绿、复色等色。花梗由假球茎抽出，每梗有花8~16朵。

蒴果

大花蕙兰的果实为蒴果，其形状、大小等常因亲本或原生种不同而有较大的差异。其种子十分细小，种子内的胚通常发育不完全，且几乎没有胚乳，在自然条件下很难萌发。

唇瓣

大花蕙兰花被片，外轮3枚为萼片，花瓣状。内轮为花瓣，下方的花瓣特化为唇瓣。

倒距兰

倒距兰属兰科植物，每朵花上都有1枚苞片，唇瓣3裂。倒距兰长在草地上、灌木丛中和路边，通常生于含有石灰石的钙质土壤中，是西方人最欢迎的兰科植物之一。

闲居

[宋]释行海

闲拈白拂坐筠床，静听幽禽弄夕阳。

满地落花春已阑，深林只有蕙兰香。

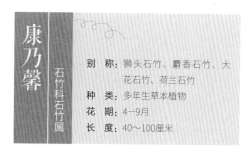

康乃馨

石竹科石竹属

别　称：狮头石竹、麝香石竹、大
　　　　花石竹、荷兰石竹
种　类：多年生草本植物
花　期：4—9月
长　度：40～100厘米

　　康乃馨，学名香石竹，花色品种繁多，花瓣呈扇形，花朵常常单生在枝头，花色有深红、粉红、白、紫红、鹅黄及复色等，非常受人们喜爱。

　　相传，希腊有一位以编织花冠为生的少女，她的手艺精巧，深受画家、诗人的欣赏而生意兴隆。没想到，同行妒忌她，就买通坏人害死了她。阿波罗为了纪念这位少女，将她变成了美丽的康乃馨，因此有人称康乃馨为"花冠""王冠"。

待放的花朵
康乃馨花朵常单生，有时2朵或3朵，颜色鲜艳，有香气。

康乃馨在中国也是一种常见的花草，宋朝时期的王安石就有诗词称赞它："春归幽谷始成丛，地面芬敷浅浅红。车马不临谁见赏，可怜亦能度东风。"

盛开的花朵
康乃馨开放后，根据环境的不同能保持花开7~15天。

蒴果
康乃馨的蒴果呈卵球形，种子可以用来繁殖。

美国有一个叫安娜的女孩，她在母亲的逝世周年纪念日上，佩戴着白色的康乃馨来纪念母亲，并向公众呼吁设立一个颂扬母亲的节日。后来，美国国会通过了决议，确定每年5月份的第二个星期天为母亲节。在这一天，子女们可以为母亲送上红色、粉红色康乃馨，祝福母亲健康快乐。

康乃馨花语：热情、魅力、母亲的爱、温馨、
慈祥、浓郁的亲情等。

11

2020 | NOV
HAPPY EVERY DAY

庚子年（鼠年）

蒹花红，枇杷忿，
松柏秀，蝴蝶飞，
男彩时行，花信凤至。

日	一	二	三	四	五	六
1 万圣节	2 十七	3 十八	4 十九	5 二十	6 廿一	7 立冬
8 廿三	9 廿四	10 廿五	11 廿六	12 廿七	13 廿八	14 廿九
15 寒衣节	16 初二	17 学生日	18 初四	19 初五	20 初六	21 初七
22 小雪	23 初九	24 初十	25 十一	26 感恩节	27 十三	28 十四
29 下元节	30 十六					

The specimen you made
你制作的标本

名 称：　　　　别 称：　　　　科 属：

花 期：　　　　果 期：　　　　高 度：

采 集 日 期：　　　　　　　签　名

矢车菊

菊科矢车菊属

别　称：蓝芙蓉、翠兰、荔枝菊
种　类：一年或两年生草本植物
花　期：4—10月
高　度：30～70厘米

矢车菊的故乡在欧洲，它即是一种观赏植物，也是一种良好的蜜源植物。传说德国第一次统一之前，王后带着两个王子逃离柏林。途中车子坏了，停在一片矢车菊旁边，王后亲手编织了一个矢车菊花环，给其中一个王子小威廉戴上。后来威廉统一德国，做了皇帝，忘不了母亲编的那个花环，因此选矢车菊为德国的国花。从那以后，德国的山坡上、田野里、水畔、路边以及房前屋后，到处都有矢车菊的踪影了。

边缘舌状花

矢车菊的边缘舌状花呈漏斗状，花瓣边缘带齿状，中央花呈管状。

花朵纵切面

矢车菊为头状花序顶生，多数或少数在茎枝顶端排成伞房花序或圆锥花序。

种子

矢车菊的种子有冠毛，春秋季均可播种。

幼苗

当矢车菊的幼苗长出六七片小叶时，就可以移栽或定植了。

矢车菊有紫、蓝、浅红、白色等品种，是深受人们喜欢的观赏花卉。除此之外，用矢车菊提取的纯露能够清洁皮肤，花水可以保养头发和滋润肌肤；矢车菊做的药，具有帮助消化、治疗胃病、使小便顺畅等功效。

矢车菊，

花形似矢车，

颜色如蓝宝石，

人们称赞它细致、优雅，

代表着幸福。

牛眼菊

菊科牛眼菊属

别　称：滨菊、长洋菊、玛格丽特
种　类：多年生草本植物
花　期：5—9月
长　度：50～70厘米

　　牛眼菊是欧洲的传统名花。它的茎挺直，叶披针形，基部叶子有长柄；花有黄色的，也有白色的，生于茎的顶端。

　　在花卉欣赏上，东西方是有差别的。比如菊科植物，如秋菊和牛眼菊，分别是东西方的传统名花。东方的秋菊在秋季开花，西方的牛眼菊则在春夏开放；东方人喜欢的菊花，花瓣向内弯曲（秋菊），西方人欣赏的菊花，花瓣则是笔直的（牛眼菊）。

种子

牛眼菊的果实为不开裂的
瘦果,种子没有胚乳。

两性花冠

牛眼菊的两性花花冠
管状,长约4毫米,
檐部钟状,有5个卵
形的裂片。

舌状花

牛眼菊的舌状花雌
性,舌片宽2~3毫
米,顶端有2~4个
小齿裂。

①牛眼菊喜欢肥沃的土壤,采
光和排水要好,耐寒。

②牛眼菊的花期比较
长,开花时要注意温
度和土壤的湿度。

③开花之后,要修掉枯枝败
叶,这样能够使养分集中,保
证其他花朵的开放时间。

牛眼菊被选来祭祀基督教的一位女性圣者——圣特库拉。她的生日是9月23日，所以在西方，牛眼菊成了这天出生的人的生日花。

牡丹

毛茛科芍药属

别　称：鼠姑、洛阳花、木芍药、
　　　　富贵花
种　类：多年生木本植物
花　期：4-5月
高　度：80～200厘米

　　牡丹是中国特有的木本名贵花卉，有着数千年的自然生长和1500余年的人工栽培历史。牡丹的花朵硕大，花瓣肥厚，色泽艳丽，素有"花中之王"的美誉。正因为牡丹花儿比较大，所以一朵花完全开放大约需要半天的时间呢。

　　牡丹的繁殖方法有分株、嫁接、播种等，但以分株及嫁接居多，在我国各省市自治区均有栽培。牡丹被称为"花之富贵者"，常常和迎春花、白玉兰、海棠一起种植在院子当中，寓意金玉满堂。

花朵

牡丹花大而香，花色有玫瑰色、白色、红紫色、粉红色、黄色、绿色等，素有"国色天香"之称。

花蕾

牡丹的花蕾单生枝顶，有5个苞片，长椭圆形；有5个绿色萼片。

蓇葖果

牡丹的果实为蓇葖果，五角星形，密生黄褐色硬毛。

残花

花朵凋谢后，如果不需要采收种子，则可剪除残花，减少养分消耗，保证其他花朵盛开。

种子

牡丹的种子呈颗粒状，被包裹在蓇葖果坚硬的壳中，8月初成熟。

谷雨，有"雨水生百谷"之意，是春天的最后一个节气。在江南地区，牡丹花俗称为"谷雨花"，意思是牡丹在这个时节开花，因此有"谷雨三朝看牡丹"的说法。

赏牡丹

[唐]刘禹锡

庭前芍药妖无格，池上芙蕖净少情。

唯有牡丹真国色，花开时节动京城。

113

绣线菊

蔷薇科绣线菊属

别　称：柳叶绣线菊、珍珠梅
种　类：直立灌木
花　期：6—8月
高　度：100～300厘米

走过城市花坛，有时会看到一种灌木，大约1米高，长着幽绿的叶儿，叶缘全是细密锯齿。散步经过别家庭院，你可能还会瞧见它，金字塔形的圆锥花序上，密集着小小的粉红色花朵，看起来像一个个粉团儿串在枝头——它，就是绣线菊。

绣线菊耐寒，耐旱，随意种在水边、路旁或假山上都能活。绣线菊的种类较多，常见的有中华绣线菊、麻叶绣线菊、金焰绣线菊、粉花绣线菊、柳叶绣线菊等，喜温暖、湿润的气候和肥沃的土壤。

花朵

绣线菊的花朵密集，花瓣呈卵形，花序呈长圆形或金字塔形的圆锥花序。

花蕊

绣线菊的雄蕊约为花瓣2倍长，子房有稀疏短柔毛，花柱短于雄蕊。

绣线菊叶蜂幼虫

绣线菊叶蜂幼虫能在短期内吃光绣线菊的叶子。它的幼虫约1厘米长，身体灰绿色，肚子经常上举。

绣线菊蚜虫

绣线菊蚜虫约1毫米大小，身体黄色或绿色，数量众多，危害非常大。

中华绣线菊的花朵密集，洁白素雅，花瓣近圆形，叶片薄细，适合在公园、庭院、路边等地栽种，以供观赏。

115

绣线菊花语：祈福、努力。

别　称：网球石蒜、火球花
种　类：多年生草本植物
花　期：5—7月
高　度：30～90厘米

　　网球花，形如其名，花茎上密集着近百朵小花，嫣红的小花朵呈球形排列，形成一个个滚圆可爱的"大火球"。网球花的花色艳丽，有鲜红、白、血红等颜色，适合在园林绿地、庭院的草地边缘、林下和山边种植观赏，也是常见的室内盆栽观赏花卉。

　　网球花原产于非洲，喜排水良好的沙壤土。在我国，常见的同科植物还有虎耳兰、绣球百合等，都具有很高的观赏价值。

①网球花的鳞茎呈扁球形，直径4~7厘米。

②网球花较耐旱，不耐寒，土壤要求肥沃、松散且排水良好。

③鳞茎发芽后，浇水要适度，不能有积水，否则鳞茎会烂掉。

④网球花边开花边长叶，要避免阳光直射。

⑤花朵凋谢后50~60天，种子就会成熟，可以随采随播。秋末冬初时，需挖出鳞茎储存，等待来年再种。

118

网球花花语：野性的热爱。

郁金香

百合科郁金香属

别　称：洋荷花、草麝香、郁香
种　类：多年生草本植物
花　期：3—5月
高　度：25~60厘米

球形的鳞茎，圆嘟嘟；长条形的叶儿三五枚，很精神；花单生在花茎顶上，杯子、碗、鸡蛋、钟、漏斗形的都有；花瓣有单瓣，也有重瓣；花色有黄、橙、粉红、洋红、紫等，深浅不一，有单色也有复色。这就是郁金香，美丽非凡。

16世纪时，它从土耳其传到了欧洲，因花大美丽而深受各国人们的喜爱。而荷兰郁金香世界闻名，占全世界郁金香出口总量的八成。它可以用来布置花坛、花境、盆栽等，根和鳞茎可以入药。

杂交种类：花期较早，花冠
呈钟状，如第一、丰碑。图中种
类为丰碑。

中花类：单瓣花，花呈高脚杯
形状，花大而艳丽，如阿巴精华、
阿提拉。图中种类为阿提拉。

晚花类：花型比较大，种
类比较多，如夜皇后、中国
粉。图中种类为中国粉。

早花类：早春温室栽培，
花色丰富，主要以红、黄为
主，如曙光、米老鼠。图中种
类为米老鼠。

郁金香是著名的球根花
卉，园林中常用于布置花坛、
花境；盆栽适合阳台、窗台等
摆放观赏，是荷兰、土耳其等
国的国花。

拇指姑娘

"这是一朵很美的花，"女人说，

同时在花瓣上轻轻一吻。

花儿开了，

这是一朵真正的郁金香！

在花的正中央，

那根绿色的雌蕊上，

倚坐着一位娇小的姑娘。

她还没有大拇指的一半长，

看起来白嫩可爱。

其他常见花卉种类

朱顶红

朱顶红花大色艳，杂交种花色丰富，为石蒜科朱顶红属。

丁香

丁香花多成簇开放，花色淡雅，为木犀科丁香属。

欧洲银莲花

欧洲银莲花有紫红、大红、蓝等色，为毛茛科银莲花属。

夹竹桃

夹竹桃花色艳丽，全株有毒，为夹竹桃科夹竹桃属。

番红花

番红花株型小巧，花朵淡紫色，为鸢尾科番红花属。

天竺葵

天竺葵花瓣有白色、红色、橙红色等，为牻牛儿苗科天竺葵属。

三色堇

三色堇通常每棵有紫、白、黄三种花，为堇菜科堇菜属。

百子莲

百子莲花呈钟状漏斗形，花朵蓝色或白色，为石蒜科百子莲属。

鸡冠花

鸡冠花像鸡冠一样，有红、紫、黄等色，为苋科青葙属。

八仙花

八仙花花期长，有淡蓝、白、粉红等色，为虎耳草科绣球属。

蜀葵

蜀葵花色有粉红、红、紫、墨紫、白、水红等，为锦葵科蜀葵属。

向日葵

向日葵花大美丽，因花朵常朝着太阳而得名，为菊科向日葵属。

凌霄花

凌霄花橙红色至鲜红色，花冠漏斗状，为紫葳科凌霄属。

朱槿

朱槿又叫扶桑、佛槿，花色多为红色，为锦葵科木槿属。

红掌

红掌花姿奇特，花期持久，为天南星科花烛属。

菊花

菊花具有清寒傲雪的品格，花色有红、白、紫等，为菊科菊属。

竹马书坊 著

写给孩子的自然启蒙课

下册

天津出版传媒集团

天津科学技术出版社

contents

目 录

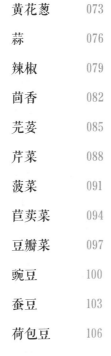

别　称：安石榴、若榴木、丹
　　　　若、金罂、天浆
种　类：落叶灌木或小乔木
花果期：5—10月
高　度：5～7米

　　秋天，枝头上的石榴成熟了，颜色由绿变红。石榴的果皮很厚，成熟后自动裂开，露出红宝石一样透亮的籽。舀一勺石榴籽塞进嘴里，牙齿一磕，汁水爆出来，酸酸甜甜的，让人吃得停不下来。鸟儿也喜欢吃石榴，它会把籽啄个精光，只留下空荡荡的外壳。

　　石榴的营养很丰富，其维生素C含量特别高，比苹果、梨高出一两倍。不过，石榴的有机盐含量很高，小孩子吃完要及时刷牙，不然牙齿容易坏掉。

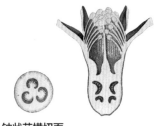

钟状花纵切面

石榴花根据子房发达与否，分为钟状花和筒状花，前者可受精结果，后者常凋落不实。雌蕊有一个花柱，长度超过雄蕊；雄蕊多数，花丝无毛。

钟状花横切面

花朵

花蕾

石榴花有单瓣、重瓣之分，多为红色的，也有白色的、黄色的、粉红色的、玛瑙色的等。花瓣呈倒卵形。

石榴籽

石榴为浆果，果期为9—10月，成熟后为大型而多室多子的浆果，每室内有多数子粒，呈鲜红、淡红或白色。

番石榴

番石榴又名芭乐、鸡蛋果，为桃金娘科番石榴属乔木。它与石榴是两种完全不同的植物。番石榴的花为白色的；果实为浆果，呈球形、卵圆型或梨形；果肉白色或黄色。

　　立夏，是二十四节气中第七个节气，为夏季的开始，此时的石榴花也进入了绽放的时节，正所谓"五月石榴红似火"。

石榴

[唐] 李商隐

榴枝婀娜榴实繁,

榴膜轻明榴子鲜。

可羡瑶池碧桃树,

碧桃红颊一千年。

桃

蔷薇科桃属

别 称：	桃子
种 类：	乔木
花 期：	3—4月
高 度：	3～8米

夏末到秋初，是桃子成熟的季节。桃园中桃子红了，挂满了枝头。摘取时候要小心一些，因为桃子的果皮上长满桃毛，一旦被它们刺入皮肤，奇痒无比。你如果不小心把桃毛吸入呼吸道，就会出现咳嗽、咽喉刺痒等症状。将桃毛洗干净，你就可以放心地吃桃子了。桃子肉质松软，"噗"的一下从果肉中喷出分量充足的香甜汁水，让人吃得十分尽兴。

以前的人们把桃木制成各种桃符、桃木剑，用来避鬼驱邪。早在先秦时代的古籍中，就有关于桃木的记载，说一切妖魔鬼怪见了它都要逃之夭夭呢。

花朵纵切面　花瓣

花朵

桃花单生，直径2.5~3.5厘米，桃叶没有长出来之前便已开放。花瓣呈长圆状、椭圆形至宽倒卵形，多为粉红色，白色极为罕见。

桃枝

春分是二十四节气之一，这时的白天和夜晚一样长。春分一到，桃枝上就开满了桃花，粉嘟嘟，羞答答，好看极了。

桃核与桃仁

桃核较大，分离核和粘核两种，呈椭圆形或近圆形，表面有纵横沟纹和孔穴。桃仁多为苦的，有的会带甜味。

黄桃

黄桃是桃的一种，果皮、果肉均呈金黄色至橙黄色，肉质比较紧致，可以加工成罐头、桃汁、桃酱等。

油桃

油桃是普通桃的变种，果皮光滑如油，没有桃毛，果色鲜红迷人，肉质细脆，甜而不腻。

大林寺桃花

[唐] 白居易

人间四月芳菲尽，山寺桃花始盛开。

长恨春归无觅处，不知转入此中来。

无花果

桑科榕属

别　称：映日果、优昙钵、蜜
　　　　果、奶浆果
种　类：亚热带落叶小乔木
花果期：5—7月
高　度：3～10米

　　无花果在枝头变红，表示它成熟了。摘一颗成熟的无花果，咬一口，满嘴是松软的果肉，齿颊留香，让人吃了还想吃。无花果没有果核，适合老人和小孩吃。除了生吃，无花果还可以制成干果、果脯、罐头、果酱、果酒、果汁、饮料等，每种吃法都美味又健康。比如，用无花果制成的饮料，不仅能生津止渴，而且带有独特的清香味。用无花果干煲汤，汤十分香甜，具有清热解毒、化痰祛湿的功效。

雌花

雌花花被与雄花一样，子房呈卵圆形，比较光滑，花柱侧生，柱头2裂，呈线形。

雄花

雄花有3个雄蕊，有时有1个或5个，瘦花花柱侧生，较短。

果实纵切面

由于无花果的尾部有一个小孔，因此黄蜂可以从这里钻入帮它授粉。

果实

无花果开花和结果同时进行，细密小花都开在果实里面。人们看不到这些小花就以为它不开花，因此叫它无花果。

无花果成熟之后，会散发出焦糖一样的香味，容易招来鸟儿啄食。成熟后的无花果，果肉会很快变得稀烂。

赠蒲涧信长老

[宋] 苏轼

优钵昙花岂有花，
问师此曲唱谁家。
已从子美得桃竹，
不向安期觅枣瓜。
燕坐林间时有虎，
高眠粥后不闻鸦。
胜游自古兼支许，
为采松肪寄一车。

樱桃

蔷薇科樱属

别　称：车厘子、莺桃、荆桃、樱珠
种　类：乔木
花　期：3—4月
高　度：2～6米

夏季热风吹起来时，我们可以一边流着汗，一边敞开肚皮吃水果。甜甜的樱桃在初夏就做好了准备，它们色泽鲜亮，挂满枝头，迎接我们的到来。摘一颗放进嘴里，"咯吱"一咬，果肉肥厚脆爽，汁水酸甜可口，还有浓浓的果味，真是棒极了！

樱桃的铁元素含量高，居于各种水果之首。常食樱桃可以满足人体对铁元素的需求，既增强体质、健脑益智，又对防治缺铁性贫血有一定效果。不过，樱桃虽然好吃，但不可多吃。

花朵及纵切面

樱桃的花序呈散房状或近伞形，有3~6朵花，先开花后长叶，花瓣为白色，呈卵圆形。

果实纵切面

樱桃的果期在5—6月，核果近球形，有红色的、黄色的、紫黑色的等。

"春雷响，万物长"，说的便是二十四节气中的惊蛰。在这个时节，樱桃开始开花了。立夏之后，樱桃就会成熟了，因此古人说它"最先百果而熟"。《礼记》中记载，周代的贵族用樱桃祭祀祖先呢。

小樱桃，成熟了，挂在枝头摇摇摇。爷爷摘，孙儿摘，一嘟噜，一串串，屋前忙，屋后挑，通红果儿一筐筐。

小船摇呀摇，

摇到溪边石头桥，

石头桥，栽着一树小樱桃。

小樱桃，长得好，

红裙配绿袄，

对我轻轻笑。

桑葚

桑科桑属

别　称: 桑果、桑实、乌椹、桑椹
种　类: 落叶乔木或灌木
花果期: 4—6月
高　度: 3~10米

　　熟透的桑葚光泽油润，一口咬下去，酸酸甜甜的，美味极了。经常吃桑葚，能使头发变乌黑亮泽、眼睛变清澈明亮。不过，桑葚含有很多的鞣酸，会影响人体对铁、钙、锌等微量元素的吸收，因此正在长身体的小孩是不宜多吃的。而且，桑葚吃多了还会使人流鼻血。

桑葚

桑葚为聚花果，呈卵状或椭圆形，成熟时呈红色或暗紫色，也有白色的，长1~2.5厘米。

花朵

桑葚的花单性，与叶同时生出。雄花花被片呈宽椭圆形，淡绿色；雌花无梗，花被片呈倒卵形。

①桑田里的桑树矮矮的，随手就能采到桑叶。采桑分春秋两季，采摘时间要根据天气情况而定，每次都要采摘最新鲜的桑叶才行。

②不采摘雨露叶或高温日晒叶，上面有水滴时，应晾干或擦干后喂蚕宝宝。经过一段时间的照顾后，蚕宝宝就会吐丝结茧了。

再至汝阴三绝

[宋]欧阳修

黄栗留鸣桑葚美，
紫樱桃熟麦风凉。
朱轮昔愧无遗爱，
白首重来似故乡。

别　称：巴梨、葫芦梨、茄
　　　　梨、洋梨
种　类：乔木
花　期：4月
高　度：15～30米

在欧美国家，假如给最受欢迎的水果列一份名单，西洋梨肯定名列其中。西洋梨的外形像葫芦，吃起来质地柔软，汁水充足，香甜爽口，让人不禁竖起大拇指。西洋梨含有丰富的维生素A、维生素B$_2$、维生素C等营养成分，含有钾、钙等元素，十分有益健康。它是美国食品药品监督管理局定出的三十种抗癌蔬果之一。

西洋梨可以生吃，但是吃之前需要放置两三天，等果肉变软连皮一起吃掉。冬天不小心感冒了，有发烧咳嗽的症状，蒸一个西洋梨来吃，能有效缓解感冒症状。

花朵与花蕾

西洋梨为伞形总状花序，花有6~9朵，直径2.5~3厘米；花瓣白色，呈倒卵形。

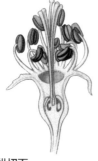

花朵纵切面

西洋梨的雄蕊有20个，长度约是花瓣的一半；花柱有5个，基部有柔毛。

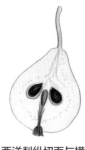

西洋梨纵切面与横切面

梨的种子是由胚珠发育而成的。种子成熟后，可以用来育苗，培育的梨苗需要经过嫁接才可以长出好吃的梨子。

把西洋梨去皮切成小块，加冰糖、水，在锅中蒸熟，热冷吃都可以。轻微发烧、咳嗽的人吃了会很有效果。

西洋梨果枝

西洋梨的果实呈倒卵形或近球形，果皮多为绿色、黄色，有的会有红晕，有斑点。果期在7—9月。

西洋梨树枝直立，
树冠上小下大，像圆锥；
叶片边缘有锯齿；
果梗短又粗，
果实尾部大多残留萼片。

12

2020｜DEC
HAPPY EVERY DAY

庚子年（肖鼠）

蜡梅拆，茶花发，
水仙负冰，梅香绽，
山茶灼，雪花大出。

水仙

日	一	二	三	四	五	六
		1 艾滋病日	2 十八	3 十九	4 二十	5 廿一
6 廿二	7 大雪	8 廿四	9 廿五	10 廿六	11 廿七	12 廿八
13 国家公祭日	14 三十	15 十一月	16 初二	17 初三	18 初四	19 初五
20 初六	21 冬至	22 初八	23 初九	24 平安夜	25 圣诞节	26 十二
27 十三	28 十四	29 十五	30 十六	31 十七		

名 称：　　　　　别 称：　　　　　科 属：

花 期：　　　　　果 期：　　　　　高 度：

采 集 日 期：　　　　　　　　　　签 名

别　称：大鸭梨
种　类：落叶乔木或灌木
花　期：4月
高　度：5～8米

梨树在中国有3000年左右的栽培历史。梨树的花多为白色，或略带黄色、粉红色，非常受人们的喜爱，常常被诗人入句，如"洛阳梨花落如雪，河边细草细如茵""满宫明月梨花白，故人万里关山隔"等。

不同的梨树结果也不尽相同，有的梨子大，有的梨子小，颜色也分黄色、绿色、黄中带绿、绿中带黄、褐色等。常见的梨品种有：皇冠梨、秋月梨、鸭梨、雪花梨、香梨、丰水梨、烟台梨等。

花朵纵切面

梨子纵切面

花朵

梨花为伞房花序，为两性花，花朵为白色，有花7~10朵；花瓣5片，呈卵形。

果实

梨子的果实比较大，有球形、扁球形等各种不同的外形。

　　《孔融让梨》是中国传统文化中经典的德育故事，讲的是孔融小时候把梨子让给哥哥们吃的故事，教导我们要懂得谦让。

梨花

[宋] 陆游

粉淡香清自一家，未容桃李占年华。

常思南郑清明路，醉袖迎风雪一枝。

别　称：海棠木、胡桐、琼崖海
　　　　棠树、君子树
种　类：落叶灌木或小乔木
花　期：4—5月
高　度：7～8米

秋天到了，海棠果散发着独特的果香和淡淡的酒香味。咬开桃红色、带有光泽的果皮，露出黄白色的果肉，口感绵软，又酸又甜，酸爽开胃，甜到心底。假如丰收季节不能全部吃完，可以将海棠果切开晾晒成海棠干，储存3年也不会坏。吃的时候将海棠干加白糖水泡着喝，口味酸甜，还带有浓浓的鲜果味。

海棠果还可以酿成果酒、果醋，制成蜜饯、果酱、果丹皮等食品，很受小朋友们的喜爱。

海棠花　　　海棠花纵切面

海棠花单生于枝头，直径4~5厘米；花瓣呈卵形，白色，在芽中呈粉红色。海棠花在春天盛开，尽管花朵不大，但是热热闹闹的，一树千花，红遍枝头，美得醉人。唐朝贾耽在《百花谱》中，把海棠花称作"花中神仙"。

种子及果实横切面
采收海棠种子时要带果皮风干，或者取出种子沙藏过冬，第二年春播。

海棠果枝
海棠果成熟期在8~9月，近球形，直径2厘米，黄色；果梗细长，长3~4厘米。

　　海棠花姿潇洒，常与玉兰、牡丹、桂花搭配种植与庭前屋后，寓意"玉棠富贵"，是著名的观赏植物。历代文人都不乏对其吟诵，如陆游诗云："虽艳无俗姿，太皇真富贵。"苏东坡诗云："只恐夜深花睡去，故烧高烛照红妆。"海棠品类众多，其中西府海棠、垂丝海棠、贴梗海棠和木瓜海棠并称"海棠四品"，十分有名。

如梦令

[宋] 李清照

昨夜雨疏风骤,

浓睡不消残酒,

试问卷帘人,

却道海棠依旧。

知否,知否,

应是绿肥红瘦。

别　称：灯笼果、醋栗、刺儿李
种　类：丛生小灌木
花　期：5～6月
高　度：约1米

　　鹅莓，俗称灯笼果。每年6月下旬，鹅莓熟了，像透亮的黄绿色小灯笼，挂满枝头，煞是诱人，让人想摘下来。不过，鹅莓树的茎枝上长满了尖刺，树妈妈把灯笼宝宝们藏在绿叶底下，想摘到鹅莓，可没那么容易！但是，鹅莓酸甜适度、果香浓郁，含有人体所需的18种氨基酸，含有维生素C、维生素B_1、维生素B_2以及铁、磷、钾、钙等元素，对人的好处实在多，因此深受人们喜爱。

花朵及纵切面

鹅莓的花朵较大，有5瓣，粉红色，花梗上面有腺毛。另外，鹅莓的花和芽中含有芳香油，是良好的蜜源植物。

果实横切面

果实

鹅莓的果实为浆果，表皮黄绿色，有刺，直径1~1.5厘米，6月中旬成熟。鹅莓营养丰富，不仅可以生食，而且可以加工成果酱、果汁、果酒等。

种子

鹅莓不常采用种子播种繁殖，而是采用枝条扦插、压条等方法繁殖。

红醋栗

红醋栗又名红穗醋栗、红果茶藨，株高1~1.5米。红醋栗5月中旬开花，7月初果实成熟。

黑醋栗

黑醋栗的学名为黑穗醋栗，又名黑加仑、黑豆果，高1~2米，果实近圆形，熟时为黑色。

多吃鹅莓可以美容。

鹅莓还可以当天然化妆品使用。

把鹅莓的汁液涂在皮肤上，

皮肤会明显变光滑。

葡萄

葡萄科葡萄属

别　称：蒲桃、提子、草龙珠、
　　　　山葫芦
种　类：木质藤本植物
花　期：4—5月
果　期：8—9月

葡萄的根系发达，能够大量吸收营养成分。葡萄富含蛋白质、氨基酸、卵磷脂、维生素等，特别是葡萄糖含量高，人在困乏的时候吃上一串，立即精神万分。

葡萄几乎占世界水果产量的四分之一。熟透的葡萄表面裹着一层白霜，这其实是它分泌的糖分，对人体没有坏处。人们大量种植葡萄，除了鲜食，还将其制成葡萄干，酿成葡萄酒，做成罐头、果汁和果酱。葡萄籽能够榨油，葡萄籽油是婴儿和老人的高级营养油。

花蕾及纵切面

葡萄花小，黄绿色，花瓣有5个，两性或杂性。

葡萄籽

葡萄为浆果，果实呈圆形或椭圆形，果肉透明状，每粒果实内有2~4粒种子。

花蕊

葡萄的花萼呈盘状，花瓣顶部黏合如帽状，花后脱落，雄蕊5个，花盘隆起，基部与子房贴生。

葡萄皮的营养比葡萄肉还多，所以吃葡萄时候别把皮吐掉。不过市面上卖的葡萄，常会残留农药以及其他化学药品，吃之前必须仔细地洗干净。

赋葡萄

[宋]辛弃疾

高架金茎照水寒，
累累小摘便堆盘。
喜君不酿凉州酒，
来救衰翁舌本乾。

加入伴读交流群

/每天认识新植物多学多听涨知识/

「入群指南详见本书版权页」

沙棘

胡颓子科沙棘属

別　称：醋柳、酸刺、达日布
种　类：落叶灌木或乔木
花　期：4—5月
高　度：约1.5米

在沙漠边缘，人们大量种植着沙棘。这是一种喜光、耐旱的植物，极耐冷热，能在贫瘠的盐碱土壤中生长。它浑身长满粗壮的棘刺，看上去铁骨铮铮，似乎在告诉人们：不管在哪里，它都能茁壮成长！

秋天时节，沙棘的果实成熟了，由绿色的变成橙黄色或橘红色的，挂满枝头，非常好看。它的味道不错，吃到嘴里酸酸甜甜的。它号称"维生素C之王"，其维生素C含量是猕猴桃的2～3倍，常吃能够抗疲劳、增强人体活力，还具有美容的功效。

031

枝叶

沙棘单叶通常近对生，呈狭披针形或矩圆状披针形，长3~8厘米。

花蕾

沙棘花为小型花序，黄色，雌雄异株，春季先开花后长叶。

沙棘果及纵切面

沙棘为浆果，成熟后为橙黄色或橘红色，密集丛生于枝条，常越冬生长。

种子

沙棘果种子较小，呈阔椭圆形至卵形，有时稍扁，成熟后为黑色或紫黑色，带有光泽。

沙棘受全世界人民欢迎，被我国人民称为"圣果""维C之王"，被日本人称为"长寿果"，被印度人称为"神果"，被俄罗斯人称为"第二人参"，被美国人称为"生命能源"。

黄沙染就的肌肤，

朔风塑造的脊骨，

任凭热浪侵扰，

那蓬勃的生机、

向上的生命，

在茫茫荒原上尽情绽放。

覆盆子

蔷薇科悬钩子属

别　称：小托盘、乌蔗子、悬钩
　　　　子、覆盆莓、木麦莓
种　类：落叶灌木
花　期：5—6月
高　度：1～2米

覆盆子在我国大多为野生的，很少有人工栽培的，而在欧美国家，人们把它当水果栽培。覆盆子汁水充足，酸甜可口，营养价值高，被誉为"黄金水果"。传说吃了覆盆子再尿尿，能尿翻尿盆，覆盆子的名字就是这样来的。覆盆子有红色的，也有金色的和黑色的，结在长满倒钩刺的枝干上。

覆盆子可生吃，还可做成覆盆子蛋糕、补血汤、冻奶等美食。覆盆子能入药。它的干燥果实具有补肝益肾、明目乌发、缩小便等功效。

花朵

覆盆子的花朵生于侧枝顶端，为短总状花序或少花腋生。花梗有短柔毛和针刺，长1~2厘米；花瓣呈匙形，白色。

花朵纵切面

覆盆子的萼片呈卵状披针形，花丝宽扁，长于花柱；基部和子房有灰白色绒毛。

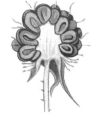

覆盆子

覆盆子的果实为聚合果，味道酸甜，具有药用价值。

覆盆子纵切面

覆盆子果实近球形，多汁液，表面有短绒毛，核有洼孔，直径1~1.4厘米。

草莓纵切面

草莓

草莓为蔷薇科草莓属多年生草本植物，高5~25厘米，全株密生柔毛。草莓花为聚伞花序，有花5~15朵，花瓣白色。果实为聚合果，直径达3厘米，果皮为鲜红色，果肉细致甜美，食用部分为授粉之后花托膨大而成，真正的果实是布满果皮表面的如芝麻般的小瘦果。

果实，从树上坠落，

声音谨慎而又低沉，

在不断的歌声中，

传来森林宁静的幽深。

——俄罗斯诗人曼德尔施塔姆《果实，从树上坠落》

别　称：柠果、洋柠檬、益母
果、益母子
种　类：常绿小乔木
花　期：4—5月
高　度：3～5米

　　柠檬属于柑橘类中的一种水果，有着浓郁的香气，它的果肉极酸并带有一丝苦味，并不适合鲜食，可谓水果中的异数。即便如此，柠檬依然是重要的水果之一，这是因为它浑身是宝，使得人们的日常生活中离不开它，如调味、去腥或调制饮料等。

　　柠檬富含丰富的维生素C，可以预防各种维生素C缺乏症，如败血症。除此之外，柠檬还富含B族维生素、铁等多种营养成分。

花蕊

种子及纵切面横切面

柠檬的种子比较小，呈卵形，顶端有尖；种皮平滑，子叶乳白色，通常单或兼有多胚。

花朵

柠檬的花朵单生或成总状花序，花瓣长1.5~2厘米，外面淡紫色，内部白色，略有清香。

果实

柠檬的果实为柑果，呈长椭圆形或卵圆形；果皮较厚，表面粗糙，为绿色或黄绿色，顶端有乳头状突出，比较难剥离，可以用来提炼柠檬香精油。

柑橘

柑橘又称橘子，为常绿灌木或小乔木，花朵黄白色，有香气。果实为圆球形或扁球形柑果，颜色多半为橙黄色或橙红色。

香橙

香橙又称橙子、甜橙，为芸香科常绿小乔木，属于柑橘品系之一。花为白色，有香气，花期4—5月。果实为柑果。

穿入竹林里，

穿入园中柠檬树的枝干上，

如果鸟鸣的盛典已然停止，

让青天把鸟影吞没是好的，

好让和谐的枝叶呢喃低语，

在空中微微飘曳。

——意大利诗人蒙塔莱《柠檬树》（节选）

山楂

蔷薇科山楂属

别　称：山里红、山里果、红
　　　　果、酸里红
种　类：落叶小乔木
花　期：5—6月
高　度：5～8米

山楂是中国特有的药果兼用树种，山楂果具有帮助消化、疏散瘀血、驱除绦虫的功效。说到这儿，你有没有想起和山楂有关的美食呢？对了，那就是冰糖葫芦。说起酸酸甜甜的糖葫芦，你有没有流口水呢？关于冰糖葫芦，这里还有一个故事呢。

相传，在南宋时期，宋光宗的妃子生了怪病，不思饮食，面黄肌瘦。御医们用尽了办法，都不见效。宋光宗心疼妃子，就张贴皇榜寻求名医。一名江湖郎中揭了皇榜，为贵妃诊脉后开了药方：用山楂和红糖煎熬，饭前吃几粒，半月见效。没想到妃子的病真好了。后来，这偏方传到了民间，老百姓把山楂用竹签串起来，就成冰糖葫芦了。

花朵纵切面

花朵

山楂的花为复伞房花序，花序梗、花柄都有长柔毛，花瓣白色，有独特香气。

种子

山楂的种子有3~5枚，外侧稍具棱，内侧平滑。

果实横、纵切面

山楂果实深红色，近球形，果期在9—10月，果肉较薄。常见的山楂品种有歪把红、鸡脚山楂、大绵球、无毛山楂等。

冰糖葫芦

冰糖葫芦是中国的传统小吃，酸甜可口，具有消食开胃的功效。如今，冰糖葫芦除了用山楂果外，还有用橘子、草莓等各种水果制成的。

欧洲花楸

欧洲花楸为蔷薇科花楸属植物，叶子为羽状；花为白色大型花序。果实为圆形、橙红色浆果，看起来很像山楂，但是不能生吃，加工后可以制成果冻或果酱。欧洲花楸树进入秋天后，叶子和果实都会变红，适合景区及庭园观赏。

我走过黄昏,

像风吹向远处的平原,

我将在暮色中抱住一棵孤独的树干,

山楂树!

　　——海子《山楂树》(节选)

别　称：枣子、刺枣、贯枣、大枣

种　类：落叶小乔木或灌木

花　期：5—6月

高　度：约10米

鼠李科枣属

　　枣原产中国，生长在海拔1700米以下的山区、丘陵或平原地带，具有十分悠久的种植历史，如《诗经》记载"八月剥枣"，意思是农历八月时开始打枣了；《礼记》中记载了枣的吃法，"枣栗饴蜜以甘之"。历代文人也不乏咏颂者，如唐朝诗人李颀诗云"四月南风大麦黄，枣花未落桐叶长"，宋代诗人苏轼诗云"簌簌衣巾落枣花，村南村北响缲车，牛衣古柳卖黄瓜"。

　　枣含有丰富的维生素C，可以鲜食，还可以制成果脯、枣泥、枣酒、枣醋等，经济价值非常高。

花

枣花比较小，黄绿色，直径0.7厘米，有5个花瓣，带有甜丝丝的香味。枣花蜜是非常受欢迎的蜂蜜之一。

枣枝

枣为核果，呈长圆形或长卵圆形，成熟时为红色，后变成深红色，肉质厚，味甜。枣为著名果品，种类较多，大小不同，常见的品种有七月鲜、鸡蛋枣、梨枣、冬枣、晋枣等。

枣核及种子

枣核顶端尖锐，具2室，有1或2枚种子；种子呈扁椭圆形。

椰枣

椰枣是棕榈科刺葵属枣椰树的果实。枣椰树的叶子很像棕榈树，果实为浆果，呈长圆形或长圆状椭圆形，很像枣子，果肉肥厚，营养丰富，既可作为粮食和果品，也可制成醋、酒精、饼干等。

拐枣

拐枣是鼠李科枳椇属落叶乔木，叶片呈椭圆状卵形、宽卵形或心状卵形。果实形态似万字符，所以又被称为万寿果，果树被称为万寿果树。果实熟透后可生吃，没有果核，种子裸露在果肉外面。

送陈章甫（节选）

[唐] 李颀

四月南风大麦黄，
枣花未落桐叶长。
青山朝别暮还见，
嘶马出门思旧乡。

番木瓜

番木瓜科番木瓜属

别　称：木瓜、乳瓜、万寿果
种　类：常绿软木质小乔木
花　期：5—6月
高　度：8～10米

番木瓜原产南美洲，17世纪时传入中国。木瓜的果实长在树上，外形很像瓜果，因此而得名。如今，我们常吃的木瓜是指番木瓜，它富含木瓜蛋白酶和类胡萝卜素，具有一定的药用价值和经济价值，较出名的品种有岭南木瓜、西瓜瓤木瓜、暹罗木瓜等。

而中国传统的木瓜叫宣木瓜，为蔷薇科植物贴梗海棠的果实，因李时珍在《本草纲目》中记载"木瓜处处有之，而宣城者最佳"，故木瓜有宣木瓜之称。宣木瓜距今已有两千多年的栽培历史，《诗经·卫风》便有"投我以木瓜，报之以琼琚"的记载，说的就是我国的原产木瓜。

花朵
番木瓜的花朵为单性花，雌雄同株或异株，外形很像风铃，花冠乳黄色，雌花的柱头呈流苏状。

花朵横切面

种子
番木瓜有很多种子，呈卵球形，附在果肉的内壁之上，黑色，外种皮肉质，内种皮木质，有皱纹。

番木瓜
番木瓜通称木瓜，为长椭圆形浆果，切开后呈瓜瓣状，果肉比较厚，呈橘黄色或橙红色，可达30厘米长。

宣木瓜
宣木瓜又称皱皮木瓜，是安徽省宣城市宣州区的特产，富含多种氨基酸及微量元素，药用价值很高，在古代曾被列为贡品。宣木瓜也极具观赏价值，在早春时期先开花后长叶，花色粉红艳丽，花期较长；等到了秋天，果实逐渐变黄至桃红色，散发着诱人的香味，苏轼曾以词句"梅溪木瓜红胜颊"来形容木瓜的艳丽。

木瓜

[先秦] 佚名

投我以木瓜，报之以琼琚。
匪报也，永以为好也！

投我以木桃，报之以琼瑶。
匪报也，永以为好也！

投我以木李，报之以琼玖。
匪报也，永以为好也！

柚子

芸香科柑橘属

别　称：文旦、香栾、朱栾、
　　　　内紫
种　类：常绿乔木
花　期：4—5月
高　度：8～10米

　　柚子的个头比较大，外形很像梨子，成熟的果皮为淡黄色或黄绿色，还有的呈朱红色。柚子的果肉有白色的、粉红色的、鲜红色的等，个别的带有乳黄色。

　　相传，闽南有位女艺人叫文旦，她不仅戏演得出色，

而且喜欢种柚子树，而且每棵树都会结出十分美艳的柚子，正因为柚子"其色白味清香，风韵耐人"，加上历代都为进奉朝廷的贡品，所以它是著名的水果，而文旦也成为柚子的别称了。

花朵

柚子每年春天开花，花瓣为白色，比较肥厚，有着浓郁的香气，是优良的蜜源植物。

花蕾

花柱及纵切面

柚子的花柱粗长，柱头略比子房大。

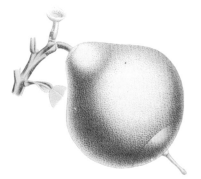

果实

柚子的果实硕大，为柑果，果形因品种而不同，有梨形、扁球形、圆锥形、倒卵形等，果皮与果肉之间有白色海绵层，果肉为白色、淡黄色或红色，有子或无子。

红心蜜柚

红心蜜柚又称血柚、红心柚，由红色优良变异单株嫁接而成，果形呈倒卵圆形，果皮黄绿色，囊皮粉红色，汁胞红色，果汁丰富，风味酸甜。除此之外，处红柚、麻豆红文旦、西施柚等品种的果肉也为红色。

浣溪沙·蓼岸风多橘柚香

[五代] 孙光宪

蓼岸风多橘柚香。江边一望楚天长。片帆烟际闪孤光。

目送征鸿飞杳杳，思随流水去茫茫。兰红波碧忆潇湘。

别　称：	栗子、魁栗、毛栗、风栗
种　类：	乔木或灌木
花　期：	4—6月
高　度：	2～25米

对于板栗，我们并不陌生。生栗子咬起来很脆，味道清甜；熟栗子吃起来甜甜糯糯，大家都喜欢。假如你到栗园瞧一瞧，会发现栗子树挺高大，能长到25米。栗子不像矮树上的果子，随手就能摘，怎么办呢？这不难，可以拿一根长竹

竿，把栗子从枝头"请"下来。我们轻轻地敲，以免损伤树枝和叶子。在树下也要小心些，别被栗球砸中脑袋，因为它的外面有着密集的尖刺，很容易扎伤人。不过我们可以等栗子熟透，那时只要用力摇树，它就会从树上掉下来了。

花朵

栗子花为柔荑花序，花较小，它的香味能够驱蚊，晒干后可以点来熏蚊子。

花蕊及纵切面

栗子花雌雄同株，雌花单独或数朵生于总苞内。

果实

栗子的果实为有刺和茸毛的壳斗，里面有2~3个可以食用的红褐色坚果。

栗子与桃、杏、李、枣并称五果。栗子可以煮、炒、炖等，十分好吃。不过，栗子不容易消化，就算再馋，也不能多吃，每天吃10颗就可以了。

坚果

栗子成熟后，壳斗会裂为4瓣，露出红褐色的坚果。

霜降，是秋天的最后一个节气。这个时节，栗子完全成熟了。自然掉落的栗子最好吃；敲下来的栗子，需放在阴凉的地方晾晒两三天，否则容易霉烂。

初食栗

[宋]舒岳祥

新凉喜见栗，物色近重阳。

兔子成毫紫，鹅儿脱壳黄。

寒宵蒸食暖，饥晓嚼来香。

风味山家好，蹲鸱得共尝。

核桃

胡桃科胡桃属

别　称：胡桃、羌（qiāng）桃
种　类：落叶乔木
花　期：5—6月
高　度：3～30米

　　没熟的核桃有一层青色的外皮，成熟后，外皮自动裂开。"啪嗒"一下，核桃从枝头掉落，这是告诉我们该收获了。给核桃剥皮得戴上手套，不然手会被外皮的汁液染成黑褐色，一个星期都洗不掉。没熟的青核桃的果仁又脆又甜，味道和青栗子很像。

　　核桃可以生吃和炒食，也可以榨油、做糕点等。将白糖熬汁，加入核桃仁拌炒，再放入香油中炸，这样色泽金黄、香脆甜口的琥珀核桃就做成了。除了食用，核桃也是人们喜欢的文玩。捏着两三个核桃在手掌中来回地转，可以舒经活络，使大脑变灵活。

雄花

核桃花是单性花，雌雄同株。雄柔荑花序黄绿色，下垂，长5~10厘米。

幼果

核桃的雌花1~3个，花序簇生且短。果实生在短而粗的柄上，有1~3个。

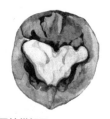

果核纵切面

核桃的隔膜比较薄，里面没有空隙，内果皮壁有不规则的空处，或有褶皱。

果实

核桃的果实呈圆球形，直径约5厘米，外果皮为绿色肉质。

果核

核桃壳是内果皮，表面皱曲，有2条纵棱，顶端有短尖头，没有成熟之前为绿色。

核桃仁

核桃仁有两半，乳白色，新核桃的种皮有苦味。核桃仁营养价值很高，富含的某些氨基酸对大脑很有益处，具有抗衰老的作用。

核桃、栗子、榛子、杏仁、
腰果、松子、开心果、
葵花子、南瓜子、花生，
是人们春节常吃的十大干果。

落花生

豆科落花生属

別　称：花生、地豆、长生果、
　　　　土豆（台湾）
种　类：一年生草本
花　期：7—8月
高　度：30～50厘米

　　落花生又名"花生"，起源于南美洲热带和亚热带地区，约于16世纪传入中国。不过，自20世纪50年代以来，中国两次出土了炭化的花生种子，提供了远在新石器时代已存在花生的实物资料。关于花生的起源地，文献有原产巴西、原产中国和原产埃及等三种说法。

　　落花生的花为黄色，果实生长在地下。人们常说的谜语"麻屋子，红帐子，里面睡个白胖子"，说的就是花生。它的种皮有白、粉红、红、红褐、紫、红白相间或紫白相间等不同颜色，炒熟的花生米是非常受欢迎的大众食品之一。

带种皮的花生仁

花朵

花生的花单朵或数朵簇生于叶腋，花冠黄色，呈蝶形。

去种皮的花生仁

花生的种子呈长圆形或椭圆形，每个荚果中有1~4粒种子。去掉种皮的花生仁呈乳白色或象牙色，实际为两片子叶，尖端位置为胚。

果实

花生的果实为荚果，外形有蚕茧形、串珠形和曲棍形，外皮均有网纹，种子数量不同。

花生仁富含丰富的脂肪和蛋白质，除了直接食用外，还可以用来榨油。在中国传统文化中，花生寓意着长生不老、吉祥喜庆，更是多子多孙的象征。

从前有个白胖子，

穿着一件紫衫子。

住在一间麻屋里，

躲在地下泥土里。

谜底：_____（打一植物）

加入伴读交流群

每天认识新植物

多学多听涨知识

「入群指南详见本书版权页」

別　　称：油橄榄、洋橄榄、棕榄
　　　　　树、齐墩果
种　　类：常绿小乔木
花　　期：4—5月
高　　度：10米

木犀榄

木犀科木犀榄属

　　木犀榄俗称油橄榄。希腊神话中，海神波塞冬和智慧女神雅典娜，都想成为某个不知名地方的保护神。波塞冬用三叉戟敲敲岩石，石中跃出一匹威武的战马；雅典娜将长矛插在地上，土里长出一棵高大的油橄榄。战马代表征战，油橄榄全身有用，能带来和平与财富，于是当地人选雅典娜做保护神，把地名叫作雅典。油橄榄因此在雅典落地生根，造福着当地人们。

　　木犀榄的果实能榨油，可以加工成罐头和蜜饯。橄榄油是公认最健康的食用油之一。而木犀榄的植株分枝丛密，可修剪出圆形、蘑菇形等多种形态供观赏。

花蕾

木犀榄的花为圆锥花序,腋生或顶生,花序梗长0.5~1厘米;苞片披针形或卵形。

花朵及纵切面

木犀榄花为两性花,白色,花冠长3~4毫米,深裂几乎达到基部,有芳香。

果实及纵切面

木犀榄的果实呈椭圆形,长1.6~2.5厘米,成熟后变成蓝黑色,果期6—9月。

种子及纵切面

木犀榄的种子带有尖端,有些像枣核。

果枝

木犀榄果用途十分广,可以用来制作润滑剂、肥皂等;榨油后的饼渣可以用作饲料和肥料。木犀榄成熟时,需人工采摘,避免用棍棒敲打,以防打烂果实影响油质,还可保护树木。

橄榄油中，

胡萝卜素和维生素E含量丰富，

还含有维生素A、维生素D和维生素K等，

这些是人体必需的营养素。

另外它含有多种微量元素，

能增强人体免疫力，

让身体棒棒的。

榛子

桦木科榛属

别　称：尖栗、棰子、山板栗
种　类：灌木或小乔木
花　期：4—5月
高　度：1～7米

榛子无论生吃还是炒熟吃，味道都顶呱呱。榛子仁碾碎，可以做成榛子酥；加入牛奶、酸奶中，做成榛子乳；榛子、莲子、粳米一起煮，熬成“榛莲粥”，美味又健康。

核桃、杏仁、榛子和腰果被称为“四大坚果”，且榛子被称作“坚果之王”。在四大坚果中，它的多种营养素含量均名列前茅，它具备的人体必需的八种氨基酸，含量远远超过人们平时钟爱的核桃。

雌花　　　　　　**雄花**

榛子的花为单性，雌雄同株，先叶开放。雌花簇生在枝端，开花时包在鳞芽中，仅有两个外露的红色花柱。雄花为柔荑花序，顶端尖，为鲜紫褐色，雄蕊为药黄色。

果苞

果苞呈钟状或管状，外面有细条棱，密被短柔毛兼有疏生的长柔毛，比坚果长。

坚果及纵切面

榛子为坚果，近球形，直径0.7~1.5厘米，成熟之后为褐色，果期在9—10月。

榛子广泛分布在亚洲、欧洲、北美洲的温带地区，我国原产榛子有9个品种和7个变种，分布在东北、华北和陕甘等地区。

榛子营养丰富，富含多种营养物质，如胡萝卜素、维生素E。《开宝本草》称其"益气力，实肠胃，令人不饥，健行"。多吃榛子，对我们的血管、牙齿和视力等都有好处哟。

席上赋得榛

[宋] 司马光

微物生山泽，萧条荆棘邻。

何人掇秋实，此日待嘉宾。

虽无木桃赠，投此寄情亲。

別　称：扁桃、扁核桃、婆淡
　　　　树、巴达木
种　类：灌木或小乔木
花　期：4—5月
高　度：1～7米

　　巴旦杏是巴旦木的果实。巴旦木是世界上古老的栽培种之一。在我国，巴旦杏的栽培历史达1300年以上，主要产区在新疆的喀什、和田等地。巴旦杏的果实干涩难吃，果仁却极其美味。巴旦杏不仅好吃，而且营养特别丰富，素有"干果之王""西域臻品"之称。

　　营养学家分析，巴旦杏的营养价值比相同重量的牛肉高6倍！巴旦杏含有丰富的植物油、蛋白质、淀粉和碳水化合物，能供给人体充足的能量；含有维生素E、维生素A、维生素B_1、维生素B_2和18种微量元素，具有美容护肤，降胆固醇、血糖，促进排便，控制体重等许多功效。

花朵纵切面

巴旦木的花朵近于无梗；萼片
呈长椭圆形，边缘有绒毛。

花朵

巴旦木的花朵单生或双生，初春
先于叶开放，直径5厘米，有5片
花瓣，粉红色，凋谢后成白色。

果核

巴旦木的果核很像桃核，外
面有纹和孔，里面含有一粒
可以食用的白色种子。

果枝

巴旦木的果实为绿色或天鹅绒色，成熟
时果肉裂开。在我国新疆地区分布着
四十多个品种，分属软壳甜巴旦木品
系、甜巴旦木品系、厚壳甜巴旦木品
系、苦巴旦木品系和桃巴旦木品系等。

果仁

巴旦木的果仁富含丰富的
营养物质，且不含胆固
醇，是十分受欢迎的绿色
健康食品。

每天睡前细嚼十多颗巴旦杏，能让人熟睡无梦，使人免疫力大增，身体倍儿棒。

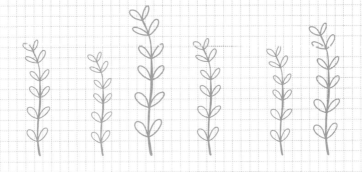

洋葱

百合科葱属

别　称： 球葱、圆葱、葱头、玉葱、荷兰葱

种　类： 多年生草本植物

花　期： 5—7月

高　度： 约1米

洋葱的故乡在西亚或中亚地区，一层层的鳞片紧紧包裹成球状，可以有效防止水分的蒸发，同时也利于储存。经常吃洋葱能够帮助消化，保护心血管健康，预防头痛、发热甚至癌症。洋葱之所以好处这么多，是因为它不仅富含维生素C、叶酸、钾、钙、硒等营养素，而且含有槲皮素和前列腺素A。后面两种成分在蔬菜中非常稀有，使洋葱成了难以替代的健康蔬菜。

但是，剥开或切开生洋葱时，眼泪会哗哗地流，这是因为生洋葱的汁液含有刺激性物质，一旦洋葱遭到破坏，如刀切、虫咬，这些物质就会被释放出来保护洋葱而击退敌人。为了不被辣出眼泪，我们只要把洋葱冷藏一段时间再切就可以了。

小花

花朵

洋葱的花为伞形花序球状，有许多密集的小花。花被片有绿色的中脉，花粉白色。

种子

洋葱花凋落后结种，很像葱的种子，收获后可留作原种。

紫皮洋葱

紫皮洋葱表皮含有花青素，水分比较少，鳞片相对较薄，刺激性比较小，适合凉拌或制作沙拉。

洋葱植株

洋葱的根为弥状须根；叶子为管状，由叶身和叶鞘两部分组成。

黄皮洋葱

黄皮洋葱的鳞片比较厚，水分比较多，辣味较浓，适合用来热炒或煮汤，熟后会有淡淡的甜味。

洋葱头长得朴实，

但是洋葱的花非常漂亮。

百十朵小花，

粉色或白色，

绽放在伞形花序上，

宛如炸开的烟火。

黄花葱

别　称：药葱
种　类：多年生草本植物
花果期：7—9月
高　度：30～90厘米

百合科葱属

在我国，葱特别受欢迎。炒菜之前，人们将葱和姜切碎，放入油锅中炒至金黄色，俗称"炝锅"或"爆香"。做面条的时候，人们把切碎的葱末撒在汤里，使面汤闻起来香气阵阵；包饺子或包子的时候，人们也会往馅料中加葱，使其闻起来香喷喷的，吃起来回味无穷。

黄花葱是葱的一种，北方有不少地区都有栽种。黄花葱的嫩叶和花序能做汤、做馅、做调味品，鳞茎能腌制食用。和普通的葱相比，黄花葱更香，是厨房中难得的佐料。黄花葱必须煮熟了吃，不能生吃。秋季和冬季是吃黄花葱的好时节，因为夏季吃容易上火。

小花及纵切面

黄花葱的小花很多，花梗几
乎一样长，长7~20毫米；花
丝等长，花柱伸出花被外。

花朵

黄花葱的花朵为伞形花序球状，花
多而密集；花淡黄色，有时顶端带
点粉红色。

种子横切面

种球

黄花葱的子房呈卵圆形，花柱伸
出花被外。种子在10月份成熟，
由绿色变成黑色。

鳞茎

黄花葱的鳞茎呈狭卵状柱
形至近圆柱形，外皮红褐
色，薄革质，有光泽。

葱有着特殊的气味，
可以刺激胃肠分泌消化
液，有增进食欲的作用。而
黄花葱具有杀虫驱虫的功
效。夏天在肉食中放一些
黄花葱，可以防止肉食落
苍蝇后腐烂生蛆。

葱

[宋] 陆游

瓦盆麦饭伴邻翁，
黄菌青蔬放箸空。
一事尚非贫贱分，
芼羹僭用大官葱。

蒜

百合科葱属

别　称：蒜头、葫、胡蒜、独
　　　　蒜、独头蒜
种　类：多年生草本植物
花　期：5—6月
高　度：0.6米

蒜在人们的厨房中再常见不过。蒜可以捣成蒜泥生吃；可以放在油锅里炒，做其他菜肴的佐料；可以和肉馅拌匀，做成春卷、馄饨；可以用酱油或醋腌着吃。腌上一年的蒜十分好吃。蒜还可以制作大蒜面包、大蒜冰淇淋、大蒜烧酒……关于蒜的菜谱，恐怕能写成一部上千页的大书呢。

蒜分为紫皮和白皮两种。紫皮蒜瓣少而大，辛辣味浓。白皮蒜最常见，鳞茎外面有层灰白色的鳞皮，剥开来是6～10个蒜瓣。

花朵及纵切面

蒜花长有长喙的佛焰苞，花小而密集，浅绿色，花间多杂以淡红色珠芽。

种子

蒜的种子密集在花梗的顶端，看起来像麦粒，剥开种衣，就是一枚小蒜。

蒜苗

蒜柔嫩的茎叶可以食用，它的花梗细长，趁顶端的花苞尚未开放时采收，便是我们经常食用的蒜薹。

蒜头

蒜头是蒜肥大的鳞茎，分6~10个瓣状小鳞茎。少数不分瓣也叫独头蒜，包裹在银白色或紫红色的鳞皮里。

蒜丰收时，人们把它们编成辫子状，挂在通风阴凉处保存，随吃随拿，十分方便。

寒雀争松图

〔明〕唐寅

头如蒜颗眼如椒，雄逐雌飞向苇萧。

莫趁螳螂失巢穴，有人拈弹不相饶。

辣椒

茄科辣椒属

别　称：番椒、红辣椒、番姜仔
　　　　（台湾）
种　类：一年或多年生草本植物
花果期：5—11月
高　度：0.4～0.8米

　　辣椒属于香辛类蔬菜，也是嗜辣者不可或缺的食材之一。辣椒原产于中南美洲热带地区。通常认为，辣椒是在明朝末年传入中国的。辣椒传入中国有两条途径，一是丝绸之路，从西亚进入新疆、甘肃、陕西等地，率先在西北栽培；一是经马六甲海峡进入南中国，在云南、广西、湖南等地栽培，并逐渐向全国发展。

　　辣椒有菜椒、朝天椒、簇生椒等种类，辣度因其品种不同而不同，果色、果形也变化多端。世界上最辣的辣椒是盛产于印度的"魔鬼辣椒"，当地人相信这种辣椒足以把魔鬼吓走。

花朵及纵切面

辣椒的花单生，俯垂状，花冠为白色至绿白色，裂片卵形，花药灰紫色。

种子及横、纵切面

辣椒的种子数量比较多，呈扁肾形，淡黄色，长0.3~0.5厘米。

果实及横切面

辣椒的果实为浆果，通常向下垂，呈长指状或狭长圆锥形，未成熟时绿色，成熟后变成红色、橙色或紫红色，中间是空的，味道辣。

朝天椒

二荆条辣椒

辣椒是最常见的蔬菜之一，采收时要选择红熟的果实，摊放在阴凉处，晾干后储藏，除此之外，还可以放在冷库中。家中种植的辣椒，可以用线穿起来，挂在屋檐下晾干，吃的时候也比较方便。

小时袍子绿，

大了袍子红。

解开袍子看一看，

一颗一颗白种种。

有人爱它吃不够，

有人怕它直摇头。

谜底：＿＿＿＿＿＿（打一蔬菜）

茴香

伞形科茴香属

别　称：怀香、香丝菜、小茴香
种　类：多年生草本植物
花　期：6—7月
高　度：0.4～2米

做包子的时候，往里面放一点茴香苗，这样做出来的包子特别香。你可能吃过用茴香苗包的包子，知道茴香是什么味道，可是对于生长在野地里的茴香，就不一定能够认出来了。不过不要紧，记住一些特点，你就不难识别茴香。首先，你闻闻，茴香带有非常浓郁的香辛味，很容易闻出来。

其次，你看看，茴香的植株表面裹着一层粉霜；叶子是线形的；它在春末夏初开出小黄花，3个月后结出长圆形的黄绿色果子。

还有一种植物叫八角茴香，又叫八角珠、八角、大料、五香八角等，是木兰科八角属植物，它和茴香是完全不同的种类。

花朵及纵切面

茴香为复伞形花序顶生，花比较小，黄色，花瓣4—5片，宽卵形，雄蕊有5枚，比花瓣长。

果实及横切面

茴香的果实为双悬果，呈长圆卵形，里面有两粒略带黄色的种子。在中医中，茴香的果实又称为小茴香，具有一定的药用价值。同时，小茴香也是一种调味品，可用来烧烤、调馅等。

茎叶

茴香的茎直立，有分枝；叶为3~4回羽状复叶，长4~40厘米；叶柄长约14厘米，基部成鞘状抱茎。茴香茎叶具有强烈的香气，可以用来做馅。

孜然芹

孜然芹，又叫藏茴香、印度小茴香，一年生或二年生草本植物，原产埃及、埃塞俄比亚等地，在我国新疆也有种植。孜然芹全株无毛，根茎粗壮，可以用来炒食。它的果实为分生果，常采收后研成末，用作食品中的调料。

金陵怀古

[宋]宋无

宫砖卖尽雨崩墙，
苜蓿秋红满夕阳。
玉树后庭花不见，
北人租地种茴香。

别　称：香菜、香荽、胡荽、盐荽、原荽
种　类：一年或二年生草本植物
花果期：4—11月
高　度：0.2～1米

芫荽（yán suī），也叫作香菜，是人们常吃的提味蔬菜之一。煮面或者做汤时，放一点香菜的嫩茎叶，汤就香喷喷的。特别喜欢香菜的人，也拿它当作主菜吃。日本东京有一种香菜餐馆，有各种用香菜做的菜肴，如凉拌香菜、炒香菜、香菜冰淇淋等，喜欢香菜的人在那里可以大饱口福。

香菜分为大叶、小叶两种。大叶香菜植株高，叶子大；小叶香菜植株矮，叶子小，香味浓。香菜中含有挥发油，其香气就是挥发油散发出来的。采收时，只要剪下嫩叶及叶柄，过不了多久，香菜又会长出新的嫩叶。一般采收几次后，茎叶就开始老化，准备抽枝开花了。

花球

芫荽的花为伞形花序顶生
或与叶对生，花序梗长
2~8厘米。

花朵

芫荽的小伞形花序有孕花
3~9朵，花色多为白色或带
淡紫色，花瓣呈倒卵形，
顶端有内凹的小舌片。

种子

芫荽的种皮比较坚硬，播
种前需要先泡水，这样能
提高发芽率。

种球

芫荽的果实呈圆球形，背
面主棱和相邻的次棱比较
明显。

茎叶

芫荽的复叶呈簇生状，小叶呈
圆形或卵圆形。芫荽吃过量会
造成体虚，视力也会变差。容
易感冒的人最好不要吃。

香菜的维生素C含量特别高。

一般人每日吃7~10克香菜，
就能满足对维生素C的需求。

芹菜

伞形科芹属

别　称：	胡芹、旱芹、药芹
种　类：	一年或二年生草本植物
花果期：	4—11月
高　度：	0.2～1米

芹菜之所以闻起来香香的，是因为含有芹菜油。芹菜可用作调料，也可以凉拌、炒食或腌渍来吃。

芹菜的好处很多。它具有安定作用，烦躁的人多吃，有利于舒缓情绪。它能够清热解毒。春天气候干燥，人容易上火，感到口干舌燥、身体不舒服，这时多吃点芹菜很快就会好了。

芹菜的铁含量很高，有利于补血，贫血的人可以多吃。除此之外，芹菜还具有减肥消脂、美白护肤、利尿消肿、癌抗癌等功效。

芹菜分为水芹、旱芹、西芹三种，它们功能相近，但是旱芹香味最浓，适合做药。

花朵
芹菜的花朵比较小，有5个花冠，离瓣，花为白色。

种子及纵、横切面
芹菜的果实为双悬果，呈圆球形。成熟时，沿着中线裂为两半，各含一粒种子，有休眠期。

花枝
芹菜的花为复伞形花序，属于虫媒花，通常为异花授粉，同花授粉也可结子。

香芹
香芹又名法国香菜、欧芹，具有清爽的香气，食用嫩叶，鲜根和茎可做药用，是西餐中常见的香辛调味蔬菜。

本芹
本芹是我国的本地芹菜，种类比较多，有白芹、青芹之分，在菜市场通常只卖茎，不带叶子。

芹

[宋] 朱翌

幽人本无肉食原，
岸草溪毛躬自荐。
并堤有芹秀晚春，
采掇归来待朝膳。

别　称：波斯菜、红根菜、菠薐
　　　　（léng）、鹦鹉菜、飞
　　　　龙菜
种　类：一年或二年生草本植物
花　期：4—6月
高　度：0.2～1米

　　菠菜一年四季都有，但是早春时节的最好吃。早春的菠菜经历一个冬季的漫长生长，吸收了足够的营养，在沸水中烫一烫，凉拌着吃，像放了糖一样甜。煮肉汤时候放入一些菠菜，汤就变得浓香甜口。菠菜的维生素含量特别丰富，经常吃能预防维生素缺乏症，促进生长发育。

　　菠菜是两千多年前波斯人栽种的蔬菜，唐太宗时期传入我国，因此菠菜也被叫作波斯菜。由于根是红色的，因此它也被称为红根菜。

花蕊

雄花排列成穗状花序，顶生或腋生，雄蕊4枚；雌花簇生于叶腋处，花柱有4个。

胞果

菠菜的果实为胞果，通常有2个角刺，成熟后比较硬，里面含1粒种子。

花枝

菠菜的花为单性花，雌雄异株，黄绿色。

圆叶菠菜

圆叶菠菜叶柄长而清脆，叶片全缘，叶肉肥厚，植株高大，属于外来品种。

菠菜一年四季都可以播种，即便是白雪皑皑的冬天，它也不怕，和小麦一样等待着春天的到来！

选菠菜，仔细瞧：

茎叶水嫩不显老，

叶片宽厚叶柄短，

色浓绿，根部红。

这样的菠菜真正好。

加入伴读交流群 /每天认识新植物

入群指南详见本书版权页 多学多听涨知识/

苣荬菜

菊科苦苣菜属

别　称：苦荬菜、曲麻菜、荬菜、野苦菜、苣菜

种　类：多年生草本植物

花　期：7月—来年3月

高　度：0.3～1.5米

苣荬（qǔ mɑi）菜有点苦，很多人不喜欢吃，但它是健康蔬菜。野生苣荬菜长在荒坡、路旁或者海滩上，在我国北方地区比较常见。随着人们越来越注重健康，苣荬菜越来越被受人们喜爱，各地开始人工栽种。由于苣荬菜耐盐碱，因此它在滨海以及内陆盐碱地区也能大规模栽培。

苣荬菜的吃法有很多，凉拌、蘸酱生吃、炒食、做汤、包饺子或包子都可以。不同地区的人口味不同，吃法也各不相同。比如，东北地区的人大多将苣荬菜蘸酱生吃；西北地区的人多用它做包子、饺子，拌面或者腌制成酸菜；华北地区的人喜欢凉拌着吃或者和面一起蒸着吃。

花朵及纵切面

苣荬菜的花为头状花序，总苞钟状，长1~1.5厘米，基部有稀疏或稍稠密的长或短的绒毛。花朵黄色，盛开在茎枝顶端。

舌状花

苣荬菜的花有许多黄色的舌状花。

小种球

苣荬菜的种球像蒲公英种球一样，由许多小种球组成。冠毛柔软，长1.5厘米，可以带着种子随风飘向远方

种子

总苞片

苣荬菜的总苞片共有三层，呈披针形，外层总苞片要比中、内层的长。

小满是二十四节气中第八个节气，意思是"物至于此，小得盈满"。此时，正是吃苣荬菜的好时节。《诗经》中云："采苦采苦，首阳之下。"这里的"苦"便是野苦菜，也就是苣荬菜。

与弁山道士饮

〔宋〕周文璞

采茗归来日未斜，
更携苦菜入仙家。
后园同坐枯桐树，
仰看红桃落涧花。

别　称：西洋菜、水田芥、水蔊
　　　　菜、耐生菜
种　类：多年生水生草本植物
花　期：4—5月
高　度：0.2~0.4米

　　豆瓣菜的故乡在欧洲和亚洲北部。我国虽然很早就有野生豆瓣菜，但是当作蔬菜栽培的豆瓣菜品种来自欧洲，因此它也被叫作西洋菜。豆瓣菜是水生蔬菜，大多栽种在水田中。夏秋两季，人们可以蹚着浅水收获豆瓣菜。豆瓣菜不好储藏，采摘回来最好立即吃。在沸水中焯一下，做成沙拉，或者下火锅、做汤、炒食，味道都脆嫩鲜美。腌制或酱制的豆瓣菜，则是另一种风味。

　　根据营养学家分析，豆瓣菜含有丰富的蛋白质、维生素A、维生素C，以及大量的铁、钙等元素，特别适合小孩子食用。在伊朗，它被认为是非常好的儿童食品。

花朵及纵切面

豆瓣菜的花朵为总状花序，顶生，花瓣白色，呈倒卵形或宽匙形，长0.3~0.4厘米。雄蕊有6个，4长2短。

荚果

豆瓣菜的果实为荚果，呈扁圆柱形，每室2行种子。成熟时，豆荚容易爆裂。

种子及横切面

豆瓣菜的种子比较小，呈扁椭圆形或近椭圆形，成熟后为红褐色，表面有稀疏而大的凹陷网纹。

　　豆瓣菜除食用外，还可以用来入药，有解热利尿、润肺止咳的功效。据说，在古罗马，人们使用豆瓣菜来治疗脱发和坏血病。

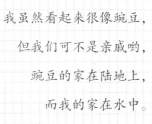

我虽然看起来很像豌豆，

但我们可不是亲戚哟，

豌豆的家在陆地上，

而我的家在水中。

——豆瓣菜语录

豌豆

豆科豌豆属

别　称：青豆、麦豌豆、寒豆、麦豆、毕豆
种　类：一年生攀缘草本植物
花　期：6—7月
高　度：0.5～2米

豌豆全株绿油油的，披着一层粉霜。豌豆粒磨成粉，可以用来做糕点、粉丝、面条以及其他风味小吃。老北京的小吃豌豆黄，就是用豌豆粉做成的。豌豆的嫩荚可以炒食。豌豆苗可以下火锅吃，味道十分鲜美。又渴又饿的时候，生吃豌豆，既生津又充饥。

豌豆的维生素C含量在所有鲜豆中最高，同时还含有铜、铬等微量元素。采摘的豆荚要趁鲜食用，一旦豆荚变黄就不能食用了。而豆粒也不要放置时间过久，否则会导致营养物质的流失，还会变得干硬，失去食用的最佳时机。

花朵

豌豆花单生于叶腋或数朵并列为总状花序，花冠颜色多样，因品种而不同，多为白色和紫色。

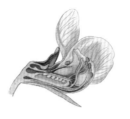

花朵纵切面

花蕊

种子及纵切面

豌豆的种子呈圆形，每个荚中有2~10粒，青绿色，成熟后变为黄色。

豆荚

豌豆荚呈长椭圆形，顶端斜急尖，背部近于伸直，内侧有坚硬纸质的内皮。嫩荚果可以食用，成熟后只能食用豌豆粒了。

诸葛亮七擒孟获后，命他每年都要拜望蜀主刘禅。孟获遵照约定，每到立夏日便去拜望。后来，晋武帝灭了蜀国，刘禅被监禁洛阳。孟获怕刘禅被亏待，每次见面都要亲自用大秤称他的体重。晋武帝见此，就想了一个主意。每到立夏，都会命人煮豌豆糯米饭，爱吃甜食的刘禅每次都能吃两大碗。等孟获称重时，刘禅总比往年重。后来，立夏就有了吃豌豆饭的习俗。

闻野有饥殍感叹

[宋] 舒邦佐

豌豆斩新绿，樱桃烂熟红。

一年春色过，大半雨声中。

仆野伤饥殍，祈天愿岁丰。

有谁捐白粲，相伴减青铜。

蚕豆

豆科野豌豆属

别　称：罗汉豆、胡豆、竖豆、
　　　　南豆、佛豆
种　类：一年生草本植物
花　期：4—5月
高　度：0.3～1.2米

　　蚕豆可以当蔬菜吃，也可以做成甜食、豆沙、罐头等。
蚕豆营养丰富，含有钙、锌、锰、磷脂等营养元素，常吃能
够增强记忆力。蚕豆中的钙，有
利于小孩子的骨骼生长。

　　蚕豆咬着嘎嘣脆，嚼着香
喷喷，用它做的零食很受欢
迎。有些小零食，如五香蚕豆
和香辣蚕豆，我们可以自己做。
将蚕豆洗好放入锅中，加入盐、
八角、桂皮、月桂叶、姜以及干辣
椒等，用少量水煮到入味，五香蚕豆
就做成了。将蚕豆裹匀淀粉，放入油锅
中炸酥捞出，加入干辣椒、花椒、盐、葱花、
味精等，在锅中不断翻炒，香辣蚕豆就轻松地做成了。

花朵

蚕豆花为总状花序，呈丛状生于叶腋，花冠白色，具有紫色脉纹及黑色斑晕。花萼钟形，花梗近无。

花朵纵切面

雄蕊2体，子房呈线形无柄，花柱密被白柔毛。

种子及纵切面、横切面

蚕豆的种子呈长方圆形，种皮革质，多为青绿色，也有灰绿色、紫色、黑色等。

荚果

蚕豆的荚果肥厚，长5~10厘米，表皮绿色，有一层绒毛，里面有白色海绵状横隔膜，成熟后荚果变成黑色。每个荚果有2~4粒种子。

毛豆

毛豆又叫菜用大豆，一年生草本农作物。它的豆荚嫩绿色，清脆可爱，因为上面有细毛，所以被称为毛豆。和蚕豆一样，新鲜的毛豆常常被人们煮着吃。

立夏时节，蚕豆花落，结出了鲜嫩的蚕豆荚子，此时，"倏然山径花吹尽，蚕豆青梅存一杯"，说明又到了尝鲜蚕豆的时候哟。

暮春词

[宋] 释行海

春风荡桨落花时，
江鼓冬冬舞柘枝。
雨洗樱红蚕豆绿，
金衣公子可怜谁。

荷包豆

豆科菜豆属

别　称： 红花菜豆、多花菜豆、肾豆、龙爪豆
种　类： 一年生攀缘草本植物
花　期： 7—10月
高　度： 2～4米

荷包豆的外形像可爱的小荷包，因此得了这个名字。因为豆粒长得像肾脏，全身布满红色纹路，所以荷包豆也叫作肾豆。营养学家说，荷包豆富含维生素和矿物质，而脂肪含量却非常低，是一种绿色保健食品。

在民间，荷包豆被认为能够祛湿。夏秋之交，人容易精神萎靡、嗜睡发困，可能是湿气过重引起的，这时吃一些荷包豆，马上就好了。荷包豆鲜、滑、粉、嫩，是豆类中的佳品，常用来炖鸡、鸭、腊肉、火腿和焖猪蹄等。

花朵及纵切面

荷包豆的花为总状花序，总花
梗比叶要长，花朵较多，花冠
通常为鲜红色，偶尔有白色。

荚果

荷包豆的荚果呈镰状，长条形。

种子及纵切面

荷包豆的种子呈阔长圆
形，顶端钝，种皮多为深
紫色，并有红斑，也有黑
色的、红色的或白色的。

荷包豆是攀缘植物。它攀爬在高高的
架子上，长出浓密的绿叶，开出红艳艳的
花儿，风儿轻轻吹来，花儿微微摆动，像
千万只红蝶嬉戏在绿叶丛中，美极了。

荷包豆含有有毒的凝聚素——植物凝
集素，因此需要烹饪至熟透才能食用。

别　称：荻笋、南荻笋、石刁
　　　　柏、龙须菜、露笋
种　类：直立草本植物
花　期：5—6月
高　度：1～2米

　　春天是芦笋上市的季节。芦笋质地柔嫩，味道鲜美。将芦笋的嫩茎切成薄片，经过炒、煮、炖、凉拌，可以做出一道道经典菜肴，如素炒芦笋、虾仁芦笋、芦笋溜肉片、糖醋芦笋片等。

　　芦笋是公认的十大名菜之一，不仅好吃，而且蛋白质、碳水化合物、维生素和微量元素的含量在蔬菜中均名列前茅，而热量却非常低。经常吃芦笋，对高血压、水肿、白血病等有一定疗效。营养学家甚至认为，芦笋是很好的抗癌蔬菜。

花朵纵切面
雄花花被长0.5~0.6厘米，
雌花花被长约0.3厘米。

花朵
芦笋的花比较小，雌雄
异株，呈钟形，绿黄
色，每1—4朵腋生，萼
片和花瓣各6枚，属于
虫媒花。

浆果

芦笋纵切面

浆果纵切面
芦笋的果实为浆果，呈圆
球形，直径0.7~0.8厘米。
成熟时，果皮会变成红
色，里面有2~3粒种子。

　　一般来说，我们吃的芦笋是刚冒出的嫩茎、嫩芽。在没有冒出土之前，整根芦
笋是雪白色的，经过光合作用之后就会变成绿色的。芦笋是由种子萌芽或鳞芽发育
而成。

芦笋

[宋] 武衍

春风荻渚暗潮平，
紫绿尖新嫩茁生。
带水掐来随手脆，
櫂船归去满篝轻。
竹根稚子难专美，
涧底香芹可配羹。
风味只应渔舍占，
玉盘空厌五侯鲭。

黄瓜

葫芦科黄瓜属

别　称：胡瓜、青瓜、刺瓜、王瓜、吊瓜

种　类：一年生蔓生或攀缘草本植物

花　期：夏季

果　长：10～30厘米

黄瓜原产于印度，由张骞从西域带回我国，至今有两千多年的栽种历史。刚开始它叫作胡瓜，十六国时，后赵皇帝石勒是羯族人，他不喜欢被称为胡人，严禁使用"胡"字。一日，石勒召见郡守樊坦。到了午膳时，他指着宴席上一盘胡瓜问樊坦是何物。樊坦答道："紫案佳肴，银杯绿茶，金樽甘露，玉盘黄瓜。"石勒听了十分高兴。从此，胡瓜便叫黄瓜了。

夏季菜园中，黄瓜很常见。它是所有蔬菜中含水量最高的，吃黄瓜能有效补充水分。黄瓜可以生吃，也可以煮熟吃。但需要注意的是，无论哪种吃法，都不要把皮去掉，以免造成营养素的大量流失。

雌花及纵切面
黄瓜的花朵为黄色，雌雄同株。雌花单生或稀簇生；花梗粗壮；子房呈纺锤形，粗糙，有小刺突起。

雄花及纵切面
雄花常数朵在叶腋处簇生，花梗纤细，有微绒毛；花萼呈筒狭钟状或近圆筒状，有白色的长柔毛，花冠黄白色。

种子
黄瓜的种子小，白色，呈狭卵形，两端近极尖，长0.5~1厘米。

秋黄瓜

青黄瓜

水果黄瓜

清洗小窍门
因为洗涤剂的化学成分容易残留在黄瓜上面，所以不能用它清洗黄瓜。正确的方法是先在盐水中泡15～20分钟，再用清水洗干净。

秋怀

[宋] 陆游

园丁傍架摘黄瓜，
村女沿篱采碧花。
城市尚余三伏热，
秋光先到野人家。

114

别　称：包谷、苞米、玉蜀黍、
　　　　棒子、粟米
种　类：一年生高大草本植物
花果期：秋季
高　度：1～4米

　　夏秋两季，玉米大丰收。从地里掰一篮子新鲜的玉米回家，在清水中煮熟，咬一口，味道真是美极了。煮熟的玉米软糯香甜，让人吃了还想吃。另外，将玉米带苞直接烤熟，味道也不错，还可以将玉米棒子涂上花生油、果酱、孜然粉、胡椒粉等调料，进行烧烤。除此之外，玉米粒可以晒干后磨成粉，用来制作奶香玉米饼、玉米面条、玉米面包等，也是非常美味的。

　　按用途来分，玉米可以分为普通玉米和特用玉米。特用玉米包括比较常见的甜玉米、糯玉米、爆裂玉米，以及不常见的高油玉米（含油量高）、优质蛋白玉米、紫玉米等。

雄花

雄性小穗孪生，长达1厘米，小穗柄一长一短；花药橙黄色。

雌花

雌花生于叶腋，为圆柱状肉穗花序，花柱丝状，极长，顶端突出于总苞之外。

颖果

颖果呈球形或扁球形，成熟时裸露在穗轴上，多为黄色或白色，大小跟生长条件有关。

雄花花苞

玉米的雄花序位于茎顶，为大型圆锥花序。

种子

玉米的种子是由胚珠经过传粉受精形成的，由种皮、胚乳和胚三部分组成，有黄色、白色、紫色等颜色。

玉米原产于墨西哥及中美洲地区，是世界性的农作物之一，在我国已有近500年的栽培历史。它不仅是人类的主要粮食之一，而且是饲养动物的重要饲料，同时也是一种新兴的植物燃料。

116

胖孩儿，长得俏，

头发胡须真不少，

衣服穿了七八套，

里面藏着珍珠宝。

谜底：_____（打一植物）

胡萝卜

伞形科胡萝卜属

别　称：红萝卜、黄萝卜、番萝
　　　　卜、丁香萝卜、小人参
种　类：二年生草本植物
花　期：5—7月
高　度：0.15～1.2米

　　胡萝卜咬起来很脆，"咔嚓"一口就能咬成两截。生胡萝卜又鲜又甜，不仅小兔子爱吃，而且人们也喜欢吃。不过，胡萝卜含有一股特殊的气味，有些人不太爱吃，但是加热烹调之后，那股怪味道就会消失，释放出甜味，颜色更漂亮，能增加食欲。

　　胡萝卜不只有红色的品种，还有黄色、白色、紫色等品种。我国栽种最多的是红、黄两种。胡萝卜的胡萝卜素含量很高，被人体吸收后，可以转化成维生素A。欧美研究机构发现，经常吃含有胡萝卜素和维生素A的食物，得癌症的可能性要小很多。

花朵

胡萝卜的花为复伞形花序，花序梗长10~55厘米，有糙硬毛。

小花

胡萝卜的花为白色，有时会带淡红色；花柄长0.3~1厘米。

果实

种子

胡萝卜的果实为小而带刺的双悬果，呈圆卵形，棱上有白色的刺毛，每半含一粒种子。

根茎及根横切面

胡萝卜的直根是主要的食用部分，有圆锥形、纺锤形、圆筒形等，外皮多为黄色或橙红色，也有紫色的。

新鲜的胡萝卜甜脆，表皮平滑，富含丰富的胡萝卜素及其他维生素和矿物质。经常吃胡萝卜，对眼睛有好处；可以增强免疫力，少得感冒；可以防止发胖，让人保持苗条身材以及美丽容颜。

蔬餐

[宋] 林泳

山人藜苋惯枯肠，

上顿时凭般若汤。

折项葫芦初熟美，

着毛萝卜久煨香。

炊粱剪韭贪聊办，

煮饼浇葱病未尝。

晦叔十斋从客笑，

空房巾钵似支郎。

120

常见的水果

菠萝

菠萝是著名的热带水果之一，酸甜可口，带有浓郁的香气。

草莓

草莓的食用部分是由花托膨大而成的，真正的果实是表面的小瘦果。

蓝莓

蓝莓色泽美丽，果肉细腻，种子极小，一般生长在较寒冷的区域。

香蕉

香蕉的果体上弯，成熟时外果皮变为黄色，种子很小，不能发芽。

西瓜

西瓜美味多汁，是夏季常见的水果之一，分无子西瓜和有子西瓜。

杧果

杧果果肉香甜，柔嫩又多汁，是热带著名的水果之一。

火龙果

火龙果是仙人掌科植物，花朵洁白，果实硕大，果肉呈白色或红色。

阳桃

阳桃的果实有5棱突起，横切面呈五角星状，既耐看又美味。

梨

梨是世界性的水果之一，主要分为东方梨和西洋梨两大种属。

柿子

柿子原产中国，每年10月份左右成熟，果皮颜色从浅橘黄色到深橘黄色不等。

荔枝

荔枝甘甜多汁、清爽诱人。历史上荔枝最出名的代言人有杨贵妃、苏轼等。

山竹

山竹是著名的热带水果之一，可生食或制作果脯，果皮可制作染料。

猕猴桃

猕猴桃外皮覆盖着浓密绒毛，果肉亮绿色，种子黑色，风味独特。

枇杷

枇杷在秋天或初冬开花，果实在春天至初夏成熟，比较特别。

榴梿

榴梿是著名的热带水果之一，营养价值极高，素有"水果之王"的美誉。

橙子

橙子带有芳香气味，果肉多汁液，味道香甜，是秋冬季主要的水果之一。

苹果

苹果是世界性的水果之一，在我国的栽培记录可追溯至西汉时期。

葡萄

葡萄在我国已有两千多年的栽培历史，种类繁多。

常见的蔬菜

姜

姜和葱、蒜一样，是不可或缺的调味用蔬菜，具有发汗、祛寒等功效。

白菜

白菜有"冬季蔬菜之王"的美称，是十分常见的蔬菜品种。

豇豆

豇豆分长豇豆和短豇豆，按其茎的生长习性分矮生型和蔓生型。

紫甘蓝

紫甘蓝叶脉呈紫红色，叶面光滑，是结球甘蓝中的一个类型。

西兰花

西兰花属于甘蓝的变种，花球绿色，应在未开花时采收。

蒜

蒜是非常古老的栽培作物之一，相传为汉朝张骞出使西域时带回来的。

土豆

土豆耐储藏，不过一旦发芽，芽眼四周就会变绿，这样的土豆不能吃哟。

茄子

茄子种植历史悠久，种类繁多，常见的有长茄、圆茄、线茄等。

甜椒

甜椒是辣椒的一个变种，味道不辣，适合生吃，如青椒、彩椒等。

洋葱

洋葱由一层层鳞茎包裹成球状，常见的外皮颜色有紫色、黄色、白色等。

南瓜

南瓜种类繁多，大小不一，可以烤食或蒸煮，含丰富的营养物质。

西葫芦

西葫芦是南瓜的一个品种，有多种果形、果色，如黄色、黑绿色等。

西红柿

西红柿品类众多，含有丰富的番茄红素，是世界性的蔬果之一。

红薯

红薯又叫地瓜，是肥大的地下块茎，可生食，也可蒸、煮、烤来食。

蘑菇

蘑菇的种类很多，如金针菇、杏鲍菇、口蘑、鸡枞、松茸、木耳等。

胡萝卜

胡萝卜属于伞形科，营养价值很高，有"小人参"之称。

扁豆

扁豆的荚果呈长椭圆形，种子多为白色、黑色或红褐色。

辣椒

辣椒属于香辛类蔬菜，品种繁多，有羊角椒、朝天椒、糯米椒、杭椒等。